重大疫情期间
固体废物应急管理手册

何品晶　吕　凡　章　骅　邵立明　著

图书在版编目(CIP)数据

重大疫情期间固体废物应急管理手册 / 何品晶等著
. —上海：同济大学出版社，2020.8
ISBN 978-7-5608-9462-1

Ⅰ. ①重… Ⅱ. ①何… Ⅲ. ①固体废物处理—手册
Ⅳ. ①X705-62

中国版本图书馆 CIP 数据核字(2020)第 165828 号

重大疫情期间固体废物应急管理手册

何品晶　吕　凡　章　骅　邵立明　**著**

责任编辑　华春荣　**执行编辑**　翁　晗　**责任校对**　徐春莲　**封面设计**　钱如潺

出版发行　同济大学出版社　www.tongjipress.com.cn
(地址:上海市四平路 1239 号　邮编:200092　电话:021-65985622)
经　　销　全国各地新华书店
排　　版　南京文脉图文设计制作有限公司
印　　刷　江苏凤凰数码印务有限公司
开　　本　710 mm×1000 mm　1/16
印　　张　7.75
字　　数　155 000
版　　次　2020 年 8 月第 1 版　2020 年 8 月第 1 次印刷
书　　号　ISBN 978-7-5608-9462-1

定　　价　48.00 元

目　录

第1章　绪　论

鼠疫、霍乱、疟疾、西班牙流感、甲型肝炎、埃博拉、禽流感、中东呼吸综合征、严重急性呼吸综合征(SARS)、新型冠状病毒肺炎(COVID-19)这些“逼近的瘟疫”[1]引发的重大传染病疫情,是历史上影响最为深远的重大突发公共卫生事件。

重大传染病由病原体传播,疫情期间携带病原体的人群数量大增,产生的各类固体废物均可能因沾染病原体而成为潜在的病原体传播源。在处理固体废物时,全过程阻断其携载病原体再传播的风险,是有效控制疫情的基本支撑条件。

非疫情期间,仅医疗机构产生的医疗废物需要按危险废物要求进行管控,医疗废物与生活垃圾的管理界限清晰。但是,在重大传染病疫情期间,无论是医疗废物,还是相关生活源固体废物的管理属性、产生量和组成均可能发生显著的变化,非疫情期间的常态化管理模式难以阻断固体废物处理全过程中病原体传播的风险。

我国已制定了较完善的医疗废物管理法规,历次疫情应对期间,也颁布了固体废物处理的相关管理法规、政策。但是,引发疫情的病原体、致病机理和传播途径复杂,面对特定疫情时如何有针对性地选择固体废物应急管理策略、采用适当的固体废物处理技术方法,仍是各国固体废物管理行业应对疫情时的重大挑战。

为及时、有序、高效、无害地处置重大传染病疫情期间产生的固体废物,规范疫情期间固体废物应急处置的管理与技术要求,保护生态环境和人体健康,针对当前存在的突出问题,借鉴国际经验,特制定本手册。

疫情期间,受病原体影响的固体废物类别主要包括:医疗废物、生活垃圾、粪便和污水厂污泥。其中，医疗废物和生活垃圾的产生量最大、涉及面最广，管理难度最大，而且容易出现二者交叠的灰色管理地带（图 1-1），因此，本书重点是提供医疗废物和生活垃圾的管理方法。

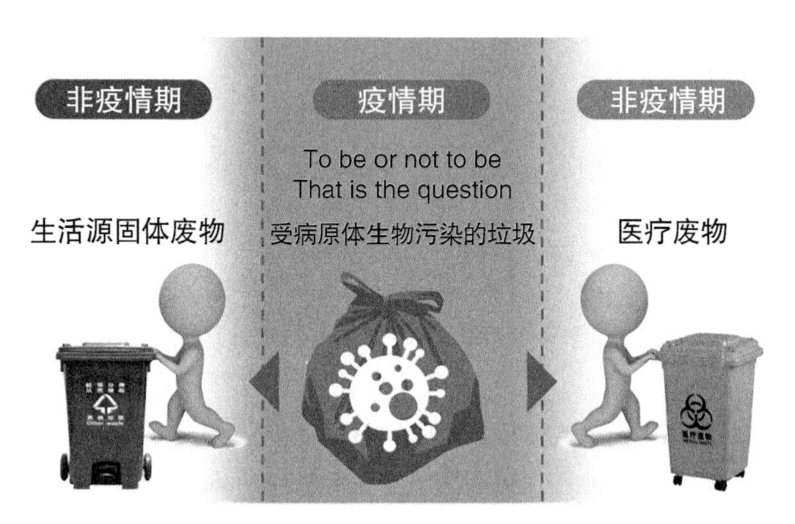

图 1-1　疫情期间及非疫情期医疗废物和生活垃圾的管理[2]

本书涵盖三方面内容：

（1）医疗废物应急管理。主要介绍医疗废物管理法规、医疗废物处理技术体系和疫情期间医疗废物管理面临的挑战及应对策略。

（2）生活垃圾应急管理。主要介绍疫情期间生活垃圾风险分类和风险防控优先的生活垃圾管理。

（3）疫情期间固体废物管理案例。主要介绍国际组织、代表性国家疫情期间固体废物管理法规，并对国内外疫情期间固体废物管理措施进行比较。

本书适用于疫情期间固体废物的分类、收集、运输及处置等活动，可为我国建立重大传染病疫情期间固体废物应急管理体系提供参考。

第 2 章　医疗废物应急管理

2.1　医疗废物管理体系

2.1.1　法规体系

医疗废物是指医疗卫生机构在医疗、预防、保健以及其他相关活动中产生的具有直接或者间接感染性、毒性以及其他危害性的废物①。属于《国家危险废物名录》②管控的危险废物，其废物代码为 HW01，危险特性包括：感染性(Infectivity, In)和毒性(Toxicity, T)。

根据《中华人民共和国传染病防治法》《中华人民共和国固体废物污染环境防治法》，我国制定《医疗废物管理条例》确定了医疗废物的管理原则。国家卫生健康委员会(原国家卫生和计划生育委员会、卫生部)和生态环境部(原环境保护部、国家环境保护总局)分别或者联合制定了配套文件，对开展医疗废物收集、运送、贮存、处置、消毒以及监督等管理活动(图 2-1)进行规范化要求，这些政策法规、技术规范和方法指南、应急管理法规和文件构成的法规体系框架如图 2-2 所示。

1. 政策法规

- 《医疗废物管理条例》(2003 年 6 月 16 日中华人民共和国国务院令第 380 号公布　根据 2011 年 1 月 8 日《国务院关于废止和修改部分行政法规的决定》修订)

---

① 《医疗废物管理条例》(2003 年 6 月 16 日中华人民共和国国务院令第 380 号公布　根据 2011 年 1 月 8 日《国务院关于废止和修改部分行政法规的决定》修订)

② 《国家危险废物名录》(环境保护部 部令 第 39 号，于 2016 年 6 月 14 日修订公布)

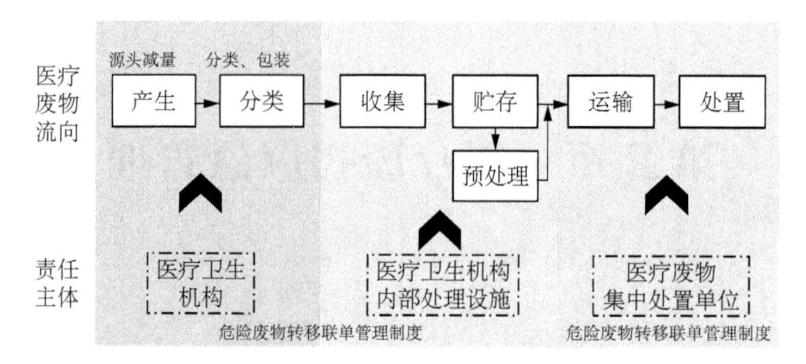

图 2-1　医疗废物管理活动简图

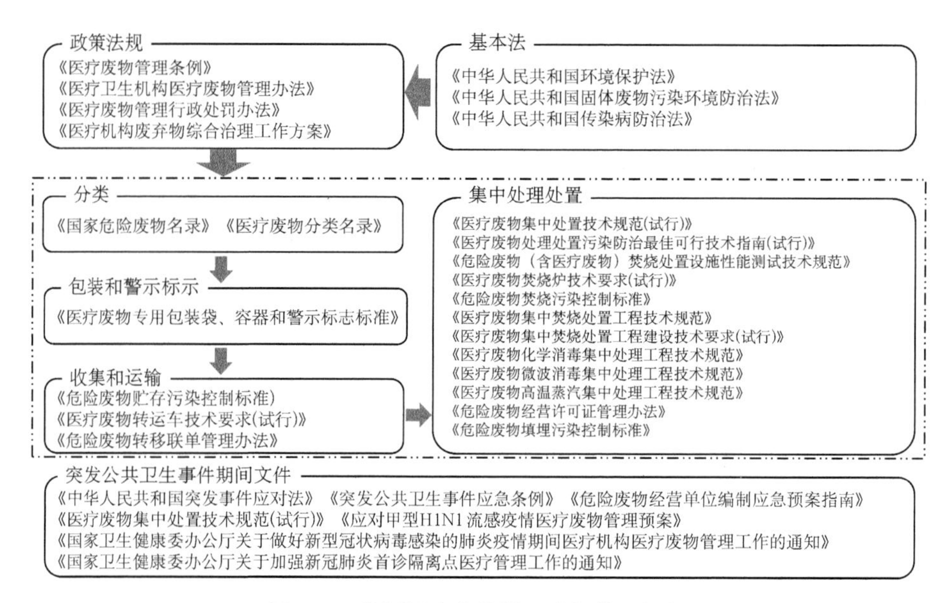

图 2-2　我国医疗废物管理法规体系框架

●《医疗卫生机构医疗废物管理办法》(于 2003 年 8 月 14 日经卫生部部务会议讨论通过,2003 年 10 月 15 日发布)

●《医疗废物管理行政处罚办法》(国家环境保护总局令第 21 号,2004 年 6 月 1 日施行)

●《医疗机构废弃物综合治理工作方案》(国卫医发〔2020〕3 号,2020 年 2 月 24 日发布)

2. 技术规范和方法指南

医疗废物的全过程管理包括如下技术环节:分类、包装、贮存、收集和运输、集中处理处置，以及相关消毒操作。这些技术环节均有技术规范或方法指南指导其规范化操作。

1）分类

●《医疗废物分类目录》（卫生部、国家环境保护总局，卫医发〔2003〕287号，2003年10月10日发布）

●《国家危险废物名录》（环境保护部令第39号，于2016年6月14日修订公布）

2）包装和警示标志

●《医疗废物专用包装袋、容器和警示标志标准》（HJ 421—2008代替环发〔2003〕188）

3）贮存、收集和运输

●《危险废物贮存污染控制标准》（GB 18597—2001）

●《医疗废物转运车技术要求（试行）》（GB 19217—2003）

●《危险废物转移联单管理办法》（国家环境保护总局令第5号，1999年6月22日发布）

4）集中处理处置

●《医疗废物集中处置技术规范（试行）》（环发〔2003〕206号）

●《医疗废物处理处置污染防治最佳可行技术指南（试行）》（环境保护部，环境保护技术文件HJ—BAT—8，2011年12月）

●《医疗废物集中焚烧处置工程技术规范》（HJ/T 177—2005）

●《医疗废物集中焚烧处置工程建设技术要求（试行）》（环发〔2004〕15号）

●《医疗废物焚烧炉技术要求》（试行）（GB 19218—2003）

●《危险废物焚烧污染控制标准》（GB 18484—2001）

●《危险废物（含医疗废物）焚烧处置设施性能测试技术规范》（HJ 561—2010）

●《医疗废物高温蒸汽集中处理工程技术规范》（HJ/T 276—2006）

●《医疗废物化学消毒集中处理工程技术规范》（HJ/T 228—2006）

●《医疗废物微波消毒集中处理工程技术规范》（HJ/T 229—2006）

●《危险废物经营许可证管理办法》(2004 年 5 月 30 日中华人民共和国国务院令第 408 号公布,根据 2013 年 12 月 7 日《国务院关于修改部分行政法规的决定》第一次修订,根据 2016 年 2 月 6 日《国务院关于修改部分行政法规的决定》第二次修订)

●《危险废物填埋污染控制标准》(GB 18598—2019)

●《医疗废物处理处置污染控制标准》(国家标准,2019 年 11 月 12 日征求意见)

5) 消毒

上述各环节中涉及的消毒要求执行参照以下规范。

●《消毒管理办法》(卫生部令第 27 号,2002 年 3 月 28 日颁布)

●《消毒技术规范》(卫法监发〔2002〕282 号)

●《疫源地消毒总则》(GB 19193—2015)

●《医疗机构消毒技术规范》(WS/T 367—2012)

●《关于全面精准开展环境卫生和消毒工作的通知》(联防联控机制综发〔2020〕195 号)

2.1.2 管理原则

医疗废物的管理一般遵循如下原则。

(1) 医疗卫生机构产生的固体废物分流管理

医疗卫生机构产生的固体废物包括具有危险特性的医疗废物,也包括不具危险特性的生活垃圾(除传染病区)和输液瓶(袋)等①。其中,生活垃圾的产生量一般占医疗卫生机构所有固体废物量的 80%～90%[3],因此,应与医疗废物分流处理处置,以减轻医疗废物处理负担。生活垃圾与医疗废物的分流必须严格,严防出现感染源扩散。

医疗卫生机构产生的粪便和污泥尽管也是固体废物,但因其通过医院污水系统处理,列入医院污水处理体系管理。

(2) 医疗废物按危险废物全过程管理

医疗废物属于危险废物,因此必须执行《中华人民共和国固体废物污染

① 《医疗机构废弃物综合治理工作方案》(国卫医发〔2020〕3 号,2020 年 2 月 24 日发布)

环境防治法》[①]关于危险废物污染环境防治的特别规定，进行分类、投放、包装、标识、收集、贮存、运输、处置。相应执行《危险废物转移联单管理办法》[②]、《危险废物经营许可证管理办法》[③]、《危险废物贮存污染控制标准》(GB 18597—2001)、《危险废物焚烧污染控制标准》(GB 18484—2001)、《危险废物填埋污染控制标准》(GB 18598—2019 代替 GB 18598—2001)等危险废物管理相关规定。

但由于医疗废物还具有感染性，因此其管理有别于工业危险废物，不能直接进入工业危险废物处置设施。比如，《危险废物填埋污染控制标准》(GB 18598—2019)规定医疗废物不得进入危险废物填埋场。医疗废物的管理环节上除了需要注意避免其与环境和人员的接触、可溯源、标识清晰外，还侧重于病原体的阻断，因此，需要通过消毒、缩短贮存和运输时间、负压运输、及时处置、避免转运等方式降低其管理过程的感染风险。

具有感染性的医疗废物通过消毒、焚烧等方式消除感染性后，可认为不再具有危险特性，原则上可进入生活垃圾处理设施处置。《国家危险废物名录》的《危险废物豁免管理清单》规定了“医疗废物焚烧飞灰”可进入生活垃圾填埋场填埋，“感染性废物”“损伤性废物”“病理性废物”(人体器官和感染性的动物尸体等除外)经高温蒸汽、化学消毒或微波消毒处理后可进入生活垃圾填埋场填埋处置或进入生活垃圾焚烧厂焚烧处置。

(3) 无害化、减量化、资源化

医疗废物管理的首要目的是消除其危险特性，因此对无害化从严要求。医疗卫生机构收治的传染病病人或者疑似传染病病人产生的生活垃圾，均按照医疗废物进行管理和处置[④]。重大传染病疫情期间，医疗机构在诊疗疫情

---

① 《中华人民共和国固体废物污染环境防治法》(中华人民共和国主席令第五十八号，1995年10月30日通过)；分别于2004年12月29日修订，2013年6月29日修正，2015年4月24日修正，2016年11月7日修正，2020年4月29日第2次修订。

② 《危险废物转移联单管理办法》(国家环保总局令第5号，1999年6月22日发布)

③ 《危险废物经营许可证管理办法》(2004年5月30日中华人民共和国国务院令第408号公布，根据2013年12月7日《国务院关于修改部分行政法规的决定》第一次修订，根据2016年2月6日《国务院关于修改部分行政法规的决定》第二次修订)

④ 《医疗废物管理条例》(2003年6月16日中华人民共和国国务院令第380号公布，根据2011年1月8日《国务院关于废止和修改部分行政法规的决定》修订)

传染病患者及疑似患者的门诊和病区(房)产生的废弃物,包括医疗废物和生活垃圾,均应当按照医疗废物进行分类收集和处理处置。

为了降低医疗废物的管理负荷,应该首先通过源头管理的方式减少医疗废物的产生量和降低后续处理难度。源头管理的可行措施包括以下几点:

● 优化医院医用耗材和药品的采购,避免产生过期药品、闲置耗材。

● 医疗耗材不含(或含少量)对后续医疗废物处置不利的材料。例如,减少含氯的塑料制品,减低医疗废物焚烧过程的二噁英释放强度。

● 使用可复用容器。

● 医疗废物与生活垃圾、输液瓶(袋)分类管理。非传染病患者或家属在就诊过程中产生的生活垃圾,以及医疗机构职工非医疗活动产生的生活垃圾,应与具有危险特性的医疗废物区别管理。对于一次性使用的医疗用品或生物试剂的外包装盒袋或填充泡沫等未被污染废物,无感染风险、未接触有毒有害的废弃物品可归入生活垃圾。《关于在医疗机构推进生活垃圾分类管理的通知》(国卫办医发〔2017〕30 号)要求加强对一次性输液袋(瓶)回收、利用单位的指导和管理。此类垃圾应依据《城市生活垃圾管理办法》①管理。

● 感染性废物与其他医疗废物分类管理。

● 医疗废物包装袋、周转箱材料不含聚氯乙烯。

在条件允许时,可以鼓励医疗卫生机构产生的输液瓶(袋)和生活垃圾资源化利用。但回收的输液瓶(袋)不得用于原用途,不得用于制造餐饮容器以及玩具等儿童用品,不得危害人体健康②。

(4) 可追溯

为了规范分类、清晰流程、明晰感染性物质传播途径,医疗废物根据《危险废物贮存污染控制标准》(GB 18597—2001)、《医疗废物专用包装袋、容器和警示标志标准》(HJ 421—2008 代替环发〔2003〕188 号)、《国家卫生健康委办公厅关于做好新型冠状病毒感染的肺炎疫情期间医疗机构医疗废物管理

---

① 《城市生活垃圾管理办法》(建设部令第 157 号,2007 年 4 月 28 日颁布)

② 《医疗机构废弃物综合治理工作方案》(国卫医发〔2020〕3 号,2020 年 2 月 24 日发布)

工作的通知》[①]等，需清晰注明“感染性废物”“损伤性废物”等危险特性，严格执行危险废物转移联单管理，对医疗废物进行登记。登记内容包括医疗废物的来源、种类、重量或者数量、交接时间，最终去向以及经办人签名，疫情期间特别注明疫情名称（比如“新型冠状病毒感染的肺炎”或“新冠”），登记资料保存3年。

国家目前鼓励充分利用电子标签、二维码等信息化技术手段，对药品和医用耗材购入、使用和处置等环节进行精细化全程跟踪管理，鼓励医疗机构使用具有追溯功能的医疗用品、具有计数功能的可复用容器，确保医疗卫生机构产生的固体废物应分尽分和可追溯[②]。

2.1.3 责任部门

医疗卫生机构和医疗废物集中处置单位是医疗废物管理的第一责任人，防止因医疗废物导致传染病传播和环境污染事故。因此，由国务院卫生行政主管部门（国家卫生健康委员会）和环境保护行政主管部门（生态环境部）共同负责管理。

医疗卫生机构内部的固体废物分类和管理一般由国务院卫生行政主管部门（国家卫生健康委员会）牵头，环境保护行政主管部门（生态环境部）参与。医疗废物的收运和处置涉及国务院卫生行政主管部门（国家卫生健康委员会）、环境保护行政主管部门（生态环境部）、交通行政主管部门（交通运输部）。医疗卫生机构生活垃圾的接收、运输和处理涉及国家卫生健康委员会与住房和城乡建设部。输液瓶（袋）回收利用涉及国家卫生健康委员会、商务部、工业和信息化部、国家市场监督管理总局。

医疗废物管理涉及的违法行为包括：医疗机构不规范分类和贮存、不规范登记和交接废弃物、虚报瞒报医疗废物产生量、非法倒卖医疗废物，医疗机构外医疗废物处置脱离闭环管理、医疗废物集中处置单位无危险废物经营许可证，以及有关企业违法违规回收和利用医疗机构废弃物等行为。需要国家卫生健康委员会、生态环境部会同商务部、工业和信息化部、住房和城乡建设

---

① 《国家卫生健康委办公厅关于做好新型冠状病毒感染的肺炎疫情期间医疗机构医疗废物管理工作的通知》（国卫办医函〔2020〕81号，2020年1月29日发布）

② 《医疗机构废弃物综合治理工作方案》（国卫医发〔2020〕3号，2020年2月24日发布）

部、国家市场监督管理总局、公安部依法办案。

医疗废物处置收费标准的制定、符合条件的医疗废物集中处置单位和输液瓶(袋)回收、利用企业的环境保护税等相关税收优惠政策制定和执行涉及国家发展和改革委员会、财政部、国家税务总局、国家医疗保障局、国家卫生健康委员会等部门。

2.1.4 分类

我国有关医疗废物分类的法规包括《医疗废物分类目录》[①]《医疗废物管理条例》《医疗卫生机构医疗废物管理办法》《国家危险废物名录》等;主要的分类依据是国家卫生健康委员会发布的《医疗废物分类目录》,将医疗卫生机构产生的医疗废物分为五类:感染性废物、损伤性废物、病理性废物、化学性废物和药物性废物。《国家危险废物名录》还规定了“非特定行业”产生的医疗废物(废物代码:900-001-01),指的是为防治动物传染病而需要收集和处置的废物,其危险特性为感染性。表 2-1 汇总了此六类医疗废物的特征、危险特性、常见组分和建议分类包装方式。

上述医疗废物并未涵盖医用放射性废物以及废弃的麻醉、精神、毒性等相关药物。

医用放射性废物的管理需另外遵照《中华人民共和国放射性污染防治法》[②]《放射性废物安全管理条例》[③]《医用放射性废物的卫生防护管理》(GBZ 133—2009 代替 GBZ 133—2002)执行,分类投放、收运和处置。

废弃的麻醉、精神、毒性等相关药物管理需遵循《麻醉药品和精神药品管理条例》[④]《麻醉药品、精神药品处方管理规定》[⑤]《医疗用毒性药品管理办法》[⑥]等规定执行。

---

① 《医疗废物分类目录》(卫生部、国家环境保护总局,卫医发〔2003〕287 号,2003 年 10 月 10 日发布)

② 《中华人民共和国放射性污染防治法》(中华人民共和国主席令第六号,2003 年 6 月 28 日公布)

③ 《放射性废物安全管理条例》(中华人民共和国国务院令第 612 号,2011 年 12 月 20 日公布)、

④ 《麻醉药品和精神药品管理条例》(2005 年 8 月 3 日中华人民共和国国务院令第 442 号公布,根据 2013 年 12 月 7 日《国务院关于修改部分行政法规的决定》第一次修订,根据 2016 年 2 月 6 日《国务院关于修改部分行政法规的决定》第二次修订)

⑤ 《麻醉药品、精神药品处方管理规定》(卫医发〔2005〕436 号,2005 年 11 月 14 日公布)

⑥ 《医疗用毒性药品管理办法》(中华人民共和国国务院令第 23 号,1988 年 12 月 27 日公布)

表 2-1　我国医疗废物的分类方式、特征、危险特性、常见组分和常规包装方式

行业来源	类别	废物代码	特征	危险特性	常见组分或者废物名称	常规包装方式
卫生	感染性废物	831-001-01	携带病原微生物具有引发感染性疾病传播危险的医疗废物	感染性	1. 被病人血液、体液、排泄物污染的物品，包括：①棉球、棉签、引流棉条、纱布及其他各种敷料；②一次性使用卫生用品、一次性使用医疗用品及一次性医疗器械；③废弃的被服；④其他被病人血液、体液、排泄物污染的物品	● 包装：黄色或红色医疗废物专用包装袋 ● 标签：注明“感染性废物”“产生科室” ● 培养基（或培养皿）、标本和菌种、毒种保存液等感染性废物须经灭菌消毒处理后，确保无感染性和无污染性后方可按感染性废物收集处理
					2. 医疗机构收治的隔离传染病病人或者疑似传染病病人产生的生活垃圾	
					3. 病原体的培养基、标本和菌种、毒种保存液	
					4. 各种废弃的医学标本	
					5. 废弃的血液、血清	
					6. 使用后的一次性使用医疗用品及一次性医疗器械视为感染性废物	
	病理性废物	831-003-01	诊疗过程中产生的人体废弃物和医学实验动物尸体等	感染性	1. 手术及其他诊疗过程中产生的废弃的人体组织、器官等	● 包装：黄色医疗废物专用包装袋 ● 标签：注明“病理性废物”“产生科室”
					2. 医学实验动物的组织、尸体	
					3. 病理切片后废弃的人体组织、病理蜡块等	

（续表）

行业来源	类别	废物代码	特征	危险特性	常见组分或者废物名称	常规包装方式
卫生	损伤性废物	831-002-01	能够刺伤或者割伤人体的废弃的医用锐器（如针头、刀片等）	感染性	1. 医用针头、缝合针	● 包装：医疗废物专用利器盒 ● 标签：注明“损伤性废物”“产生科室” ● 一次性输液器使用后，针尖等必须立即毁形，针尖利器部分经分离投入专用利器盒内，其他部分投入感染性废物或药物性废物医疗废物专用包装袋内 ● 受体液、血液、分泌物污染的一次性注射器或真空采血器使用后，针尖毁形后可直接投入专用利器盒
					2. 各类医用锐器，包括：解剖刀、手术刀、备皮刀、手术锯等	
					3. 载玻片、玻璃试管、玻璃安瓿等	
	药物性废物	831-005-01	过期、淘汰、变质或者被污染的废弃的药品	毒性	1. 废弃的一般性药品，如：抗生素、非处方类药品等	● 包装：黄色医疗废物专用包装袋 ● 标签：注明“药物性废物”“产生科室”
					2. 废弃的细胞毒性药物和遗传毒性药物，包括：①致癌性药物，如硫唑嘌呤、苯丁酸氮芥、萘氮芥、环孢霉素、环磷酰胺、苯丙胺酸氮芥、司莫司汀、三苯氧氨、硫替派等；②可疑致癌性药物，如：顺铂、丝裂霉素、阿霉素、苯巴比妥等；③免疫抑制剂	
					3. 废弃的疫苗、血液制品等	

（续表）

行业来源	类别	废物代码	特征	危险特性	常见组分或者废物名称	常规包装方式
卫生	化学性废物	831-004-01	具有毒性、腐蚀性、易燃易爆性的废弃的化学物品	毒性	1. 医学影像室、实验室废弃的化学试剂 2. 废弃的过氧乙酸、戊二醛等化学消毒剂 3. 废弃的汞血压计、汞温度计	● 包装:黄色医疗废物专用包装袋 ● 标签:注明“化学性废物”“产生科室”
非特定行业	非特定行业产生的医疗废物	900-001-01	为防治动物传染病而需要收集和处置的废物	感染性	动物尸体等	● 包装:黄色或红色医疗废物专用包装袋 ● 标签:注明“感染性废物”

2.1.5 收集运输

医疗废物的包装、贮存、收集和运输是衔接医疗废物从产生点到末端集中处理处置点的环节。故此，需要避免发生危险物质（特别是感染性物质）的泄露，以及与人员的接触。

1. 医疗废物包装的主要规定

● 能确保封闭，以避免危险性物质泄露：因此，不得出现渗漏、破裂和穿孔，要确保足够的物理机械性能。《医疗废物专用包装袋容器和警示标志标准》（HJ 421—2008）提出了包装袋拉伸强度（纵、横向）、断裂伸长率（纵、横向）、落膘冲击质量、跌落性能、漏水性、热合强度的技术要求，没有对包装袋厚度进行规定；要求满盛装量的利器盒从 1.2 m 高处自由跌落至水泥地面，连续 3 次，不会出现破裂、被刺穿等情况；周转箱整体装配密闭，箱体与箱盖能牢固扣紧，扣紧后不分离。

● 颜色为淡黄：包装袋、利器盒、周转箱均应为淡黄色。

● 警示标志和警示语清晰。

● 采用高温热处置技术处置医疗废物时，包装袋和利器盒均是一次性使用的，不应使用聚氯乙烯材料，以避免二噁英生成。

● 周转箱（桶）由于可反复使用，因此应便于清洗和消毒。

2. 医疗废物贮存、收集和运输方面的主要规定

● 减少人员与医疗废物接触几率：因此驾驶室应与货箱完全隔开，以保证驾驶人员安全。车厢应装配牢固的门锁。

● 车厢应具有良好的气密性：以防止危险性物质以气体或气溶胶形式泄露。技术控制指标为“漏气量”。

● 车厢防渗处理，设置具有良好气密性的排水孔。

● 车厢内部设置货物固定装置。

● 配备应急处理附属设备。

● 有隔热要求的应控制“总漏热率”。

《国家危险废物名录（2016 版）》规定了豁免条款：从事床位总数在 19 张以下（含 19 张）的医疗机构产生的医疗废物的收集过程不按危险废物管理。

2.1.6 处理处置

医疗废物可采用焚烧处置技术或非焚烧处理技术。焚烧技术可处理感染性、损伤性、病理性、化学性和药物性五大类医疗废物，工艺方法主要包括回转窑焚烧技术和热解焚烧技术（连续式、间歇式）。医疗废物焚烧处置设施应符合《医疗废物焚烧炉技术要求（试行）》（GB 19218—2003）、《危险废物焚烧污染控制标准》（GB 18484—2001）等现行国家标准的规定。

《国家危险废物名录（2016版）》规定，医疗废物焚烧产生的飞灰和炉渣满足《生活垃圾填埋场污染控制标准》（GB 16889—2008）中6.3条要求时，可进入生活垃圾填埋场填埋。

非焚烧处理技术中已列入规范的为：高温蒸汽处理技术（适用于感染性和损伤性医疗废物的处理）、化学处理技术（适用于感染性和损伤性医疗废物的处理）、微波处理技术（适用于感染性和损伤性医疗废物的处理）。电子辐照技术、高压臭氧技术、等离子技术等技术因未列入规范，而尚不能大规模工业化应用。

医疗废物非焚烧处理实质上属医疗废物预处理，处理产物豁免危险废物特性，但还需要进一步的处理处置。

医疗废物非焚烧处理的豁免和进一步处置要求由《国家危险废物名录（2016版）》规定：①感染性废物和损伤性废物，按照《医疗废物高温蒸汽集中处理工程技术规范》（HJ/T 276—2006）或《医疗废物化学消毒集中处理工程技术规范》（HJ/T 228—2006）或《医疗废物微波消毒集中处理工程技术规范》（HJ/T 229—2006）进行处理后，进入生活垃圾填埋场填埋处置或进入生活垃圾焚烧厂焚烧处置，处置过程不按危险废物管理。②病理性废物（人体器官和感染性的动物尸体等除外），按照《医疗废物化学消毒集中处理工程技术规范》（HJ/T 228—2006）或《医疗废物微波消毒集中处理工程技术规范》（HJ/T 229—2006）进行处理后，进入生活垃圾焚烧厂焚烧处置，处置过程不按危险废物管理。

我国医疗卫生机构产生的固体废物的处理技术体系如图2-3所示。

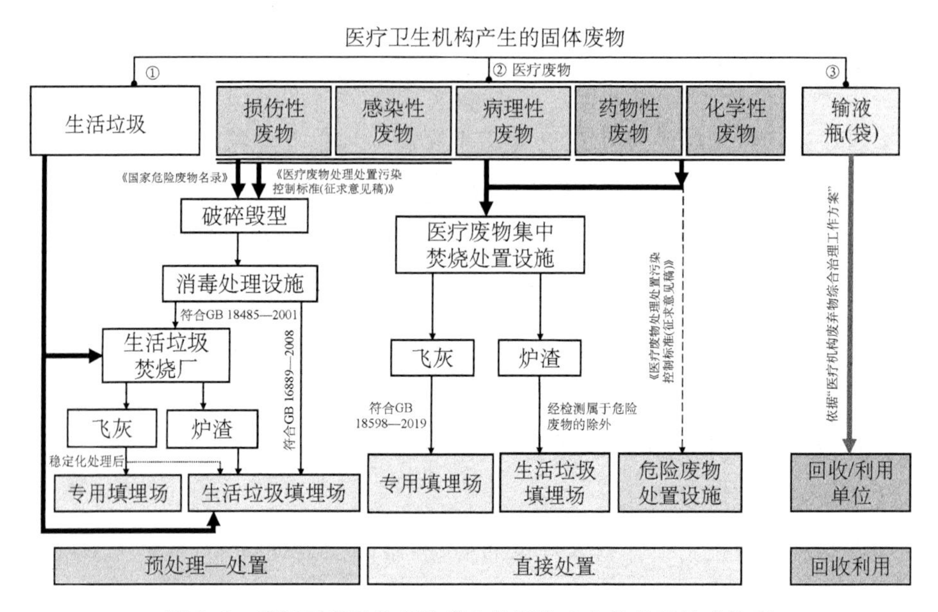

图 2-3 我国医疗卫生机构产生的固体废物的处理技术体系

2.2 疫情期间医疗废物的管理

2.2.1 我国相关法规

《中华人民共和国传染病防治法(修订)》(主席令第 17 号,施行时间 2004 年 8 月 28 日)指出:"医疗机构……承担医疗活动中与医院感染有关的……医疗废物处置工作。"第二十七条规定:"对被传染病病原体污染的污水、污物、场所和物品,有关单位和个人必须在疾病预防控制机构的指导下或者按照其提出的卫生要求,进行严格消毒处理;拒绝消毒处理的,由当地卫生行政部门或者疾病预防控制机构进行强制消毒处理。"

《中华人民共和国突发事件应对法》(主席令第 69 号,施行时间 2007 年 11 月 1 日)、《突发公共卫生事件应急条例》(国务院令第 376 号,施行时间 2003 年 5 月 9 日)、《国家突发公共事件总体应急预案》(国务院第 79 次常务会议通过,2006 年 1 月 8 日起施行)均尚无固体废物相关内容。

《中华人民共和国固体废物污染环境防治法(修订)》(主席令第四十三

号,2020年4月29日发布)指出:“第九十一条　重大传染病疫情等突发事件发生时,县级以上人民政府应当统筹协调医疗废物等危险废物收集、贮存、运输、处置等工作,保障所需的车辆、场地、处置设施和防护物资。卫生健康、生态环境、环境卫生、交通运输等主管部门应当协同配合,依法履行应急处置职责。”“第九十五条　各级人民政府应当加强固体废物污染环境的防治,按照事权划分的原则安排必要的资金用于下列事项:(四)重大传染病疫情等突发事件产生的医疗废物等危险废物应急处置。”

《医疗废物集中处置技术规范(试行)》(环发〔2003〕206号)第六章“重大传染病疫情期间医疗废物处置特殊要求”说明了疫情期间医疗废物分类收集、暂时贮存、运送和处置、人员卫生防护、应急处置要求。比如:双层包装、包装袋应特别注明是高度感染性废物、高温焚烧处置、在处置单位的暂时贮存时间最多不得超过12小时,当医疗废物集中处置单位的处置能力无法满足疫情期间医疗废物处置要求时,经环保部门批准,可采用其他应急医疗废物处置设施,增加临时医疗废物处理能力。

《应对甲型H1N1流感疫情医疗废物管理预案》(环办〔2009〕65号,颁布时间2009年5月18日)规定了医疗废物产生、收集、运输、贮存和处置单位应对流感疫情,应开展医疗废物管理的相关应对准备及应急处置工作。并提出:医疗废物处置能力不足的地区,应加快医疗废物处置设施建设,并制定医疗废物安全处置的应急方案;可选择送至临近地区医疗废物集中处置设施进行处置,或在本地利用备选设施处置;可备选的医疗废物处置设施包括:移动式医疗废物处置设施、危险废物焚烧设施、生活垃圾焚烧炉、工业窑炉等。运行医疗废物处置备选设施的单位要做好运行准备工作,包括依照医疗废物管理相关法律法规和标准规范的要求加强人员培训,根据医疗废物的特点(如热值高、包装大小等)对设施在技术上进行相应的完善等。

《新型冠状病毒感染的肺炎疫情医疗废物应急处置管理技术指南(试行)》(生态环境部于2020年1月28日印发)同样只是应对肺炎疫情医疗废物,提出各地因地制宜,在确保处置效果的前提下,可以选择可移动式医疗废物处置设施、危险废物焚烧设施、生活垃圾焚烧设施、工业炉窑等设施应急处置肺炎疫情医疗废物,实行定点管理,也可以按照应急处置跨区域协同机制,将肺炎疫情防治过程中产生的医疗废物转运至临近地区医疗废物集中处置设施处置，感染性医疗废物与其他医疗废物实行分类分流管理。为医疗机构自行采用可移动式医疗废物处置设施应急处置肺炎疫情医疗废物提供便利，免去环境影响评价等手续。

《国家卫生健康委办公厅关于做好新型冠状病毒感染的肺炎疫情期间医疗机构医疗废物管理工作的通知》(国卫办医函〔2020〕81 号，发布时间 2020 年 1 月 28 日)明确医疗垃圾的分类收集范围：医疗机构在诊疗新型冠状病毒感染的肺炎患者及疑似患者发热门诊和病区(房)产生的废弃物，包括医疗废物和生活垃圾，均应当按照医疗废物进行分类收集。分区域进行处理：收治新型冠状病毒感染的肺炎患者及疑似患者发热门诊和病区(房)的潜在污染区和污染区产生的医疗废物，在离开污染区前应当对包装袋表面采用 1 000 mg/L 的含氯消毒液喷洒消毒(注意喷洒均匀)或在其外面加套一层医疗废物包装袋；清洁区产生的医疗废物按照常规的医疗废物处置。

《国家卫生健康委办公厅关于加强新冠肺炎首诊隔离点医疗管理工作的通知》(国卫办医函〔2020〕120 号，发布时间 2020 年 02 月 10 日)规定，首诊隔离点是地方政府指定的，在医疗机构以外用于收治新冠肺炎疑似病例轻症患者的，具备一定条件的宾馆、酒店、招待所等场所。首诊隔离点在诊疗活动中产生的废弃物，包括医疗废物和生活垃圾，均应当按照医疗废物，参照《国家卫生健康委办公厅关于做好新型冠状病毒感染的肺炎疫情期间医疗机构医疗废物管理工作的通知》(国卫办医函〔2020〕81 号)进行管理。但未对首诊隔离点的污水(含人体排泄物)进行规定说明。

《疫源地消毒总则》(GB 19193—2015 代替 GB 19193—2003)规定了鼠疫和霍乱等甲类传染病，以及经消化道、呼吸道、皮肤、黏膜接触传播的乙、丙类传染病的室内环境表面与空气、用具、餐饮具、饮用水、排泄物、分泌物、污染用具、污水、其他污染物品、病畜圈舍等的消毒要求以及尸体(病人尸体和畜类尸体)和室内外环境处理要求。

可见，我国已有规范均是针对医疗卫生机构在非疫情期间的医疗废物管理，疫情期间的固体废物管理考虑了医疗卫生机构和集中隔离点的医疗废物，并将生活垃圾一律按医疗废物进行管理。医疗废物尽管原则上包含5类，但大多数医疗卫生机构只设置3类废物容器进行收集：医疗废物桶（淡黄色）、生活垃圾桶（黑色）和利器盒（损伤性废物）。《医疗废物专用包装袋、容器和警示标志标准》（HJ 421—2008）对感染性废物并未与其他医疗废物区分，采用特殊的包装要求。《医疗废物转运车技术要求（试行）》（GB 19217—2003）也未对感染性废物的运输车辆提出专门要求，仅原则性地说明，疫情期间医疗废物处置能力不足时，可采用其他应急医疗废物处置设施。

2.2.2　操作细则

在操作细则上，疫情期间医疗废物的管理要点是加强了废物投放、包装、存放、消毒和记录的要求。

（1）降低暴露和接触风险

医疗废物收集桶应为脚踏式并带盖。在处置单位的暂时贮存时间最多不得超过12小时。

（2）源头降低医疗废物感染性

医疗废物中含病原体的标本和相关保存液等高危险废物，应当在产生地点进行高温蒸汽灭菌或者化学消毒处理，然后按照感染性废物收集处理。

（3）进一步强化密封性要求

- 医疗废物专用包装袋、利器盒在盛装医疗废物前，应该进行认真检查，确保其无破损、无渗漏和穿孔。
- 损伤性废物务必放入利器盒。
- 医疗废物达到包装袋或者利器盒的3/4时应当有效封口，确保封口严密。这是为了确保封扎的密封性，封口不易松开。
- 双层包装，且分层封扎。
- 采用鹅颈结式封口（图2-4）。

（4）标识清晰，用于警示和溯源

每个垃圾袋、利器盒应当系有或粘贴中文标签，标签内容包括：医疗废物产生单位、产生部门、产生日期、类别，并在特别说明中标注传染病名称，如“新型冠状病毒感染的肺炎”或者简写为“新冠”。

步骤一：扭转袋口

步骤二：牢固扭转后对折

步骤三：紧握已扭转部位

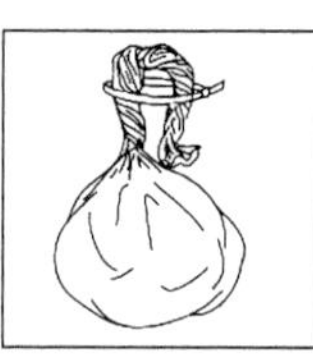
步骤四：封扎带套在医疗废物袋反折下位

步骤五：封扎带拉紧形成有效密封

图 2-4　鹅颈结式封口

（5）加强消毒

潜在污染区和污染区产生的医疗废物，在离开污染区前应当对包装袋表面采用 1 000 mg/L 的含氯消毒液喷洒消毒（注意喷洒均匀）或在其外面加套一层医疗废物包装袋。

● 每天运送医疗废物结束后，对运送工具进行清洁和消毒，含氯消毒液浓度为 1 000 mg/L。

● 医疗废物暂存处地面每天两次用 1 000 mg/L 的含氯消毒液进行消毒。

（6）做好转移登记

● 严格执行危险废物转移联单管理，对医疗废物进行登记。

● 登记内容包括医疗废物的来源、种类、重量或者数量、交接时间，最终去向以及经办人签名。

● 特别注明传染病名称（“新型冠状病毒感染的肺炎”或“新冠”）。

● 登记资料保存 3 年。

（7）确保充裕的医疗废物处理能力

充裕的医疗废物集中处置能力是确保疫情期间医疗废物（以及按医疗废物管控的其他固体废物）能及时得到处置、阻断病原体传播的中枢要素。《医疗废物管理条例》（2011 年 1 月 8 日修订）第三十三条规定，“尚无集中处置设施或者处置能力不足的城市，自本条例施行之日起，设区的市级以上城市应当在 1 年内建成医疗废物集中处置设施；县级市应当在 2 年内建成医疗废物集中处置设施。县（旗）医疗废物集中处置设施的建设，由省、自治区、直辖市人民政府规定。在尚未建成医疗废物集中处置设施期间，有关地方人民政府应当组织制定符合环境保护和卫生要求的医疗废物过渡性处置方案，确定医疗废物收集、运送、处置方式和处置单位”。《生态环境部关于提升危险废物环境监管能力、利用处置能力和环境风险防范能力的指导意见》(环固体〔2019〕92 号,2019 年 10 月 15 日)提出了推动医疗废物处置设施建设的规划:“加强与卫生健康部门配合,制定医疗废物集中处置设施建设规划,2020 年年底前设区市的医疗废物处置能力满足本地区实际需求;2022 年 6 月底前各县(市)具有较为完善的医疗废物收集转运处置体系。不具备集中处置条件的医疗卫生机构,应配套自建符合要求的医疗废物处置设施。鼓励发展移动式医疗废物处置设施,为偏远基层提供就地处置服务。各省(区、市)应建立医疗废物协同应急处置机制,保障突发疫情、处置设施检修等期间医疗废物应急处置能力”。十部委联合颁发的《医疗机构废弃物综合治理工作方案》(国卫医发〔2020〕3 号,2020 年 2 月 24 日)进一步提出了省级人民政府的责任,“各省份全面摸查医疗废物集中处置设施建设情况,要在 2020 年底前实现每个地级以上城市至少建成 1 个符合运行要求的医疗废物集中处置设施;到 2022 年 6 月底前,综合考虑地理位置分布、服务人口等因素设置区域性收集、中转或处置医疗废物设施,实现每个县(市)都建成医疗废物收集转运处置体系。鼓励发展医疗废物移动处置设施和预处理设施,为偏远基层提供就地处置服务。通过引进新技术、更新设备设施等措施,优化处置方式,补齐短板,大幅度提升现有医疗废物集中处置设施的处置能力,对各类医疗废物进行规范处置。探索建立医疗废物跨区域集中处置的协作机制和利益补偿机制”。

粪便和污泥方面,《医院污水处理技术指南》(环发〔2003〕197 号,2003 年 12 月 10 日实施)规定传染病医院(含带传染病房综合医院)应设专用化粪池;被传染病病原体污染的感染性污染物,如粪便等排泄物,必须按我国卫生防疫的有关规定进行严格消毒;消毒后的粪便等排泄物应单独处置或排入专用化粪池,其上清液进入医院污水处理系统;化粪池污泥属于“医院污泥”,来自医院医务人员及患者的粪便,污泥量取决于化粪池的清掏周期和每人每日的粪便量,处理工艺以污泥消毒和污泥脱水为主,经脱水后封装外运,作为危险废物进行集中(焚烧)处置。《医疗机构水污染物排放标准》(GB 18466—2005)规定化粪池、栅渣和污水处理站污泥属危险废物,应按危险废物进行处理和处置。我国疫情和非疫情期间的医疗废物相关管理办法要点归纳于表 2-2 中。

表 2-2　我国疫情和非疫情期间的医疗废物相关管理规定和政策

项目	医疗废物	有关感染性废物的特别要求	重大传染病疫情期间采取的特殊措施（新型冠状病毒感染肺炎、甲型 H1N1 流感）
源头减量	严格按照《医疗废物管理条例》要求，需进行医疗废物分类，从源头减少医疗废物的处置量[①]； 过期药品属于有害垃圾，由相关单位负责收集[①]； 综合考虑区域内医疗机构总量和结构、医疗废物实际产生量及处理成本等因素，鼓励采取按床位和按重量相结合的计费方式，合理核定医疗废物处置收费标准，促进医疗废物减量化[②]； 充分利用电子标签、二维码等信息化技术手段，对药品和医用耗材购入、使用和处置等环节进行精细化全程跟踪管理，鼓励医疗机构使用具有追溯功能的医疗用品、具有计数功能的可复用容器，确保医疗机构废弃物应分尽分和可追溯；严禁混放各类医疗废物[②]； 回收利用的输液瓶（袋）不得用于原用途，不得用于制造餐饮容器以及玩具等儿童用品，不得危害人体健康[②]。		
源头分类	医疗卫生机构应当及时收集本单位产生的医疗废物，并按照类别分置于防渗漏、防锐器穿透的专用包装物或者密闭容器内[①]。		推荐将肺炎疫情防治过程中产生的感染性医疗废物与其他医疗废物分类分流管理[③]。

（续表）

项目	医疗废物	有关感染性废物的特别要求	重大传染病疫情期间采取的特殊措施（新型冠状病毒感染肺炎、甲型 H1N1 流感）
包装	使用焚烧处置时，损伤性废物盒不应使用聚氯乙烯④； 医疗废物达到包装袋或者利器盒的 3/4 时，应当有效封口，确保封口严密⑤； 运送人员在运送医疗废物前，应当检查包装物或者容器的标识、标签及封口是否符合要求，不得将不符合要求的医疗废物运送至暂时贮存地点⑤。	医疗废物应由专人收集、双层包装，包装袋应特别注明是高度感染性废物⑥。	严格按照《医疗废物专用包装袋、容器和警示标志标准》④； 医疗废物需交由危险废物焚烧设施、生活垃圾焚烧设施、水泥窑等应急处置设施处置时，包装表面应印刷或粘贴红色“感染性废物”标识，包装尺寸应符合相应上料设备尺寸要求③； 收治感染新型冠状病毒的肺炎患者及疑似患者发热门诊和病区（房）的潜在污染区和污染区产生的医疗废物，在离开污染区前应当对包装袋表面采用 1 000 mg/L 的含氯消毒液喷洒消毒（注意喷洒均匀）或在其外面加套一层医疗废物包装袋⑦。
贮存	医疗卫生机构应当建立医疗废物的暂时贮存设施、设备，不得露天存放医疗废物；医疗废物暂时贮存的时间不得超过 2 天。医疗废物的暂时贮存设施、设备，应当远离医疗区、食品加工区和人员活动区以及生活垃圾存放场所，并设置明显的警示标识和防渗漏、防鼠、防蚊蝇、防蟑螂、防盗以及预防儿童接触等安全措施。医疗废物的暂时贮存设施、设备应当定期消毒和清洁①。	对感染性废物污染区域进行消毒时，消毒工作从污染最轻区域向污染最严重区域进行，对可能被污染的所有使用过的工具也应当进行消毒⑤； 医疗卫生机构医疗废物的暂时贮存场所应为专场存放、专人管理，不能与一般医疗废物和生活垃圾混放、混装⑥。 暂时贮存场所由专人使用 0.2%～0.5%过氧乙酸或 1 000～2 000 mg/L 含氯消毒剂喷洒墙壁或拖地消毒，每天上下午各一次⑥。	贮存场所按卫生健康主管要求的方法和频次消毒，暂存时间不超过 24h，贮存场所的冲洗液应排入医疗废水消毒、处理系统处理③； 严格执行危险废物转移联单管理，对医疗废物进行登记，登记资料保存 3 年⑦。

（续表）

项目	医疗废物	有关感染性废物的特别要求	重大传染病疫情期间采取的特殊措施（新型冠状病毒感染肺炎、甲型 H1N1 流感）
运输	医疗卫生机构应当将医疗废物交由取得县级以上人民政府环境保护行政主管部门许可的医疗废物集中处置单位处置，依照危险废物转移联单制度填写和保存转移联单[⑤]； 对于不具备上门收取条件的农村地区，当地政府可采取政府购买服务等多种方式，由第三方机构收集基层医疗机构的医疗废物，并在规定时间内交由医疗废物集中处置单位[②]； 从事床位总数在 19 张以下（含 19 张）的医疗机构产生的医疗废物的收集过程不按危险废物管理[⑨]。	处置单位在运送医疗废物时必须使用固定专用车辆，由专人负责，并且不得与其他医疗废物混装、混运[⑥]； 运送时间应错开上下班高峰期，运送路线要避开人口稠密地区；运送车辆每次写在完毕，必须使用 0.5%过氧乙酸喷洒消毒[⑥]。	医疗废物应在不超过 48 h 内转运至处置设施，有条件的地区，可安排固定专用车辆单独运输肺炎疫情防治过程产生的感染性医疗废物，不与其他医疗废物混装、混运，与其他医疗废物分开填写转移联单，并建立台账[③]； 每天运送结束后，对运送工具进行清洁和消毒，含氯消毒液浓度为 1 000 mg/L；运送工具被感染性医疗废物污染时，应当及时消毒处理[⑦]； 有条件的地区，可安排医疗废物收集、运输、贮存、处置一线操作人员集中居住[⑧]。
就地处理	不具备集中处置医疗废物条件的农村，医疗卫生机构应当按照县级人民政府卫生行政主管部门、环境保护行政主管部门的要求，自行就地处置其产生的医疗废物。自行就地处置医疗废物的，应当符合下列基本要求：(1)使用后的一次性医疗器具和容易致人损伤的医疗废物，应当消毒并作毁形处理；(2)能够焚烧的，应当及时焚烧；(3)不能焚烧的，消毒后集中填埋[①]；	医疗废物中病原体的培养基、标本和菌种、病毒种保存液等高危险废物，在交医疗废物集中处置单位处置前应当就地消毒[①]； 医疗废物采用高温焚烧处置，运抵处置场所的医疗废物应尽可能做到随到随处置，在处置单位的暂时贮存时间最多不得超过 12 小时[⑥]； 处置厂内必须设置医疗废物处置的隔离区，隔离区应有明显的标识，无关人员不得进入[⑥]；	运抵后尽可能随到随处置，在处置单位的暂时贮存时间不超过 12 h；优先使用本行政区医疗废物集中处置设施，当无法满足需要时，由列入应急处置资源清单内的应急处置设施处置医疗废弃物，或按照应急处置跨区域协同机制，转运至临近地区医疗废物集中处置设施处置；因特殊原因，不具备处置条件的，可根据当地人民政府确定的方案对医疗废物进行就地焚烧处置[③]；

（续表）

项目	医疗废物	有关感染性废物的特别要求	重大传染病疫情期间采取的特殊措施（新型冠状病毒感染肺炎、甲型 H1N1 流感）
就地处理	医疗废物焚烧飞灰满足 GB16889 要求，进入生活垃圾填埋场填埋[9]。	处置厂隔离区必须由专人使用 0.2%～0.5% 过氧乙酸或 1 000～2 000 mg/L 含氯消毒剂对墙壁、地面或物体表面喷洒或拖地消毒，每天上下午各一次[6]。 按标准 HJ/T276—2006 或 HJ/T228—2006 或 HJ/T229—2006 处理后的感染性、损伤性和病理性废物，可以进入生活垃圾填埋场和生活垃圾焚烧厂处置[9]。	因特殊原因，确实不具备集中处置医疗废物条件的地区，特别是农村地区，医疗卫生机构可对医疗废物进行就地焚烧处置[8]。
外运处置	医疗卫生机构应当根据就近集中处置的原则，及时将医疗废物交由医疗废物集中处置单位处置[1]。 医疗废物集中处置单位处置医疗废物，应当符合国家规定的环境保护、卫生标准、规范，并按照环境保护行政主管部门和卫生行政主管部门的规定，定期对医疗废物处置设施的环境污染防治和卫生学效果进行检测、评价。检测、评价结果存入医疗废物集中处置单位档案，每半年向所在地环境保护行政主管部门和卫生行政主管部门报告一次[1]。	当医疗废物集中处置单位的处置能力无法满足疫情期间医疗废物处置要求时，经环保部门批准，可采用其他应急医疗废物处置设施，增加临时医疗废物处理能力[6]。	可以借用焚烧炉或水泥窑[1]； 医疗废物集中处置设施、可移动医疗废物处置设施应优先用于处置肺炎疫情产生的感染性医疗废物，其他医疗废物可分流至其他应急处置设施处理[3]。
居民或社会性医疗保健废物的要求	若未施行垃圾分类收集，则废药品全过程不按危险废物管理；若施行，收集过程不按危险废物管理[9]。		

（续表）

项目	医疗废物	有关感染性废物的特别要求	重大传染病疫情期间采取的特殊措施（新型冠状病毒感染肺炎、甲型 H1N1 流感）
粪便、污泥	传染病医院应设专用化粪池。被污染的排泄物必须严格消毒，消毒后单独处置或排入专用化粪池；不设化粪池的医院应将经过消毒的排泄物按医疗废弃物处理[10]； 污水处理产生的垃圾集中消毒外运；剩余污泥投加消毒剂消毒，若污泥量小，排入化粪池，污泥量大，脱水封装外运作为危险废物焚烧处置[10]。	医疗卫生机构产生的污水、传染病病人或者疑似传染病病人的排泄物，应当按照国家规定严格消毒；达到国家规定的排放标准后，方可排入污水处理系统[1]； 甲类传染病（鼠疫，霍乱）排泄物处理消毒原则：排泄物和分泌物消毒处理之后不应检测出病原微生物或目标微生物。鼠疫：患者的排泄物，分泌物和呕吐物应有专门的容器收集，用含有效氯 20 000 mg/L 的消毒液，按照粪药比例为 1：2 浸泡消毒 2 h，若有大量稀释排泄物，应用含有效氯 70%～80%漂白粉精干粉，按照粪药比例 20：1 加药后搅匀，消毒 2 h[11]； 霍乱：稀便与呕吐物消毒按稀便及呕吐物与消毒剂 10：1 的比例加入漂白粉干粉（含有效氯 25%～32%）；成型粪便按照粪便及消毒剂 1：2 的比例加入含有效氯 10 000～20 000 mg/L的含氯消毒液，经充分搅拌后，作用 2 h。干燥排泄物处理前应适量加水稀释浸泡软化后，再按照成型粪便消毒。乙丙类传染病疫源地粪便消毒原则：排泄物分泌物等消毒后必须达到无害化。消毒方法按患者的排泄物，分泌物和呕吐物应有专门的容器收集，用含有效氯 20 000 mg/L 的消毒液，	

（续表）

项目	医疗废物	有关感染性废物的特别要求	重大传染病疫情期间采取的特殊措施（新型冠状病毒感染肺炎、甲型 H1N1 流感）
		按照粪药比例为 1∶2 浸泡消毒 2 h,若有大量稀释排泄物,应用含有效氯 70%～80% 漂白粉精干粉,按照粪药比例 20∶1 加药后搅匀,消毒 2 h。但对肝炎患者粪便等的消毒用含有效氯 10 000 mg/L 消毒液按粪:药为 1∶2 加入,搅拌 6 h,对稀便可按 5∶1 加入漂白粉(含有效氯含量 25%～32%)[11]。	

注:①《医疗废物管理条例》
②《医疗机构废弃物综合治理工作方案》
③《新型冠状病毒感染的肺炎疫情医疗废物应急处置管理与技术指南(试行)》
④《医疗废物专用包装袋、容器和警示标志标准》
⑤《医疗卫生机构医疗废物管理办法》
⑥《医疗废物集中处置技术规范(试行)》
⑦《国家卫生健康委办公厅关于做好新型冠状病毒感染的肺炎疫情期间医疗机构医疗废物管理工作的通知》
⑧《应对甲型 H1N1 流感疫情医疗废物管理预案》
⑨《国家危险废物名录》
⑩《医院污水处理技术指南》
⑪《疫源地消毒总则》

2.3 疫情期间医疗废物的应急管理

2.3.1 疫情期间医疗废物管理面临的挑战

1. 医疗废物产生范围扩大、产生量增加

在非疫情期间，感染性废物仅占医疗废物的10%[4]。而在疫情期间，一方面，病原体携带者数量大量增加，医疗和为防疫而展开的准医疗活动相应增加，造成原有医疗机构产生的医疗废物急剧增加，而且还会新增大量准医疗活动产生的废物。另一方面，疫情期间开展隔离医学观察等准医疗活动的场所和区域也必然扩展，使得涉医疗活动废物的产生点和范围也可能极大地扩展。在疫情期非常态下，需按医疗废物要求管理的废物产生范围由常规的医疗卫生机构，扩大至临时医疗卫生机构（比如院外医疗场所、方舱医院）、集中隔离医学观察点、居家隔离医学观察户。

这些产生点涉及的所有医疗废物和生活垃圾都需要按照或参照医疗废物进行管理。此外，居民区、办公区、商业服务区和工业厂区集中投放收集的废弃口罩、手套等个人防护用品也要求按医疗废物进行管理。

这些因素导致医疗废物的产生量必然爆发式地大幅增加。

2. 医疗废物组成发生变化

重大突发公共卫生事件期间，除医疗废物量大幅增加外，其性质也会发生显著变化。例如：感染性废物比例提高、按医疗废物管理的生活垃圾量上升、口罩和防护服等高热值废物和含氯消毒剂比例增加。上述因素均可能影响现有医疗废物处置设施的正常运行，导致烟气等二次污染物产生规律发生变化，使得标配二次污染控制措施的去除效率受到影响。例如：《医疗废物专用包装袋、容器和警示标志标准》（HJ 421—2008）要求“采用高温热处置技术处置医疗废物时，包装袋不应使用聚氯乙烯材料”。但是，疫情期间，医疗废物和生活垃圾中聚氯乙烯塑料包装物和沾染含氯消毒剂的日用品比例增高，而氯元素是影响焚烧过程二噁英类物质合成的源头关键因素。因此，烟气中二噁英类物质及其他污染物的生成和排放水平可能会发生显著变化。

3. 医疗废物处理压力陡增

2018年，我国200个大、中城市医疗废物产生量81.7万吨，处置量81.6万吨，非疫情期间，我国大部分城市的医疗废物都得到了及时妥善处置[5]。但是，县城、镇乡、农村的医疗卫生机构产生的医疗废物集中处置能力尚缺。而且，已有的处置能力只是满足了非疫情期常态下的医疗废物处理要求。如上所述，在疫情期非常态下，需按医疗废物要求管理的固体废物产生量必然爆发式地大幅增加，现有医疗废物处置设施的处理冗余量显然是无法应对的。因此，疫情期间可能会征用生活垃圾焚烧设施、工业危险废物焚烧设施和工业炉窑等非专业处置医疗废物的处理设施，对这些应急临时处理设施及相应收运系统的病原体防控提出了严峻的挑战。但是，现在均缺乏这些设施临时处理医疗废物的技术要求和运行规程。目前，已紧急出台的一些地方或企业运行指引对于病毒防控是否有效，或者是否过度防疫均缺乏科学依据。

2.3.2　疫情期间医疗废物管理应对策略

疫情期间，按感染性医疗废物管理和处理的固体废物量必然激增。我国和全球很多发展中国家的不发达地区的大部分区域，医疗废物处理能力的冗余水平均不能承受此期间的冲击负荷，必然需要采用应急处理方法及时处置疫情期间产生的医疗废物。

1. 储存缓冲

按照相关规范建设医疗废物暂存库，储存疫情爆发峰值期间的医疗废物(优先储存非感染性医疗废物)，待疫情平缓、医疗废物产生量下降后，再利用原有或应急设施处理，或为建设医疗废物应急处理设施提供缓冲时间。

医疗废物暂存库的建设和使用一般有如下原则[6-7]：

- 远离公共区域和建筑密集区。
- 带锁关闭，仅限授权人员进入。
- 与食品储存区分开。
- 宜为室内。若为室外储存，则应设置篱笆防止动物和人类进入，应进行遮盖、避开阳光。
- 必须便于场内和场外运输。

● 若采用焚烧处置，则应尽可能靠近焚烧炉。

● 应避免啮齿动物、鸟类和其他动物侵入。

● 地面应防水，且排水良好。

● 应通风良好，光线充足。

● 应进行空间分隔，以分类放置不同类型的废物。

● 应易于清理。

● 附近一定要有洗手盆。

● 入口应醒目标识“未经授权不得进入”“危险废物”或“感染性废物”。

● 储存容器应该在每一次使用清空后消毒，或者是内衬一次性垃圾袋。

● 限定最长储存时间，一般不超过 7 天。

● 医疗废物中若有大量的血液或其他人体流体，在未进行预处理送到最终处置点前，不得对医疗废物进行挤压，以防止喷洒。

● 做好废物进出记录。

感染性废物在此这些原则基础上进一步要求：

● 缩短暂存时间。

红十字国际委员会(International Committee of the Red Cross, ICRC)和世界卫生组织(World Health Organization, WHO)均建议感染性废物的储存时间在温带气候的冬天不要超过 72 小时，夏天不要超过 48 小时；热带气候，建议凉爽季节时最长储存时间不超过 48 小时，温暖季节时不超过 24 小时；如果采用低温(3℃～8℃)储存，则最长储存时间不超过 7 天[6-7]。

● 在未进行预处理送到最终处置点前，不得对感染性废物进行挤压(包装或未包装)。

● 清楚标识感染性废物储存区域。

● 地面和墙面应密封，或者铺设瓷砖，以便于消毒。

● 暂存库的排水管道应与感染性医疗污水处理系统连接。

2. 区域协同

利用邻近疫情较平稳地区可能具有的医疗废物冗余处理能力，协同处理疫情严重地区的医疗废物；协同处理的废物类别优先考虑病原体传播风险较小的类别，例如：非传染病区的病理性废物、院外医疗场所的生活垃圾等。

3. 工业危险废物处理设施协同

疫情峰值期间一般均会影响工业生产，使得疫情严重地区的工业危险废物产生量下降。因此，工业危险废物处理设施可能具有一定富余的处理能力。可通过应急建设或改造医疗废物进料装置后，利用既有工业危险废物处理设施协同处理医疗废物。

4. 医疗废物消毒设施扩容，提高相关设施的豁免处理能力

疫情期间，医疗废物的增量主要是感染性废物。根据《国家危险废物名录(2016版)》规定，感染性废物和损伤性废物应按照《医疗废物高温蒸汽集中处理工程技术规范》(HJ/T 276—2006)或《医疗废物化学消毒集中处理工程技术规范》(HJ/T 228—2006)或《医疗废物微波消毒集中处理工程技术规范》(HJ/T 229—2006)进行合规处理后，可进入生活垃圾焚烧厂焚烧处置或进入生活垃圾填埋场填埋处置，处置过程可不按危险废物管理。

相对于医疗废物焚烧等处理设施，集中消毒处理设施的扩容建设周期相对较短，较为适合作为疫情期间医疗废物增量的应急应对措施。

5. 生活垃圾焚烧设施协同

生活垃圾焚烧过程的处理温度要求与医疗废物焚烧相近，从炉内处理环节看，两者具有协同的可能。但是，两者在炉前处理的程序和方法上显著不同，使得处理过程对病原体扩散的控制能力有显著差异。如果简单地启动生活垃圾焚烧协同处理，可能造成生活垃圾焚烧厂内外的感染事件，严重损害对疫情的有效控制。

要有效防控医疗废物与生活垃圾协同焚烧处理的病原体传播途径，应抓住如下关键环节，即：①医疗废物类别控制，优先处理非传染病区的病理性废物和院外医疗场所的生活垃圾等；②收集运输应按医疗废物的规范执行，严格控制收运过程的传播风险；③厂内运输、卸料、进料环节应有切实的隔离措施，减少人工操作和不可避免的人工作业环节，人员防护应提高至隔离病房的等级；④炉内处理过程，应重点观察炉排起火段位置、热量释放强度、炉排温度分布、炉膛烟气温度和烟气黑度、烟气污染物浓度，通过点火燃烧器、风机风量和进料量及配比进行及时调控。

第3章　生活垃圾应急管理

根据《中华人民共和国固体废物污染环境防治法(修订)》(主席令43号，2020年4月29日发布)，我国固体废物分为五大类：生活垃圾、工业固体废物、建筑垃圾、农业固体废物和危险废物。

生活垃圾日常管理属于环境卫生作业的主要内容。环境卫生作业是以生活源废物收集、清运、转运和处理为手段实现环境卫生保障目标的公益事业，城乡环境卫生的作业对象包括：道路及其他公共场所清扫和保洁，生活垃圾收集、运输和处理，以及粪便收集、运输和处理。我国的生活垃圾管理责任部门是住房和城乡建设部及其各下属机构。

非疫情条件下，生活垃圾的感染性或危险性极低，因此，其常态化的管理方式与医疗废物等危险废物有显著的区别。但在疫情期间，生活垃圾具有病媒传播风险，需要采取有针对性的应急管理策略。

3.1　疫情期间生活垃圾管理面临的挑战

3.1.1　疫情期间生活垃圾管理出现灰色区域

图3-1描述了疫情和非疫情期间医疗废物、生活垃圾和粪便的分类管理类别(界面)划分方式的可能变化情况。由图3-1可见，在疫情期间，这三类废物的量和组成都会发生显著变化。疫情期间个人防护用品普遍使用，此类废物的病原体沾污风险较高；具有病患和疫区接触史的人员需要开展隔离医学观察，他们所产生的易受病原体沾污垃圾(例如，受唾液、痰、眼泪、汗水沾污的口罩、纸巾、易腐垃圾，受粪便、尿液沾污的卫生巾、婴儿尿布、成人尿布

等)也必须分类处理,使得"灰色"管控垃圾量大大增加。这些对象产生的"灰色"管控垃圾量大、持续时间长,不适宜大规模、长时间按照医疗废物要求进行管控,必然需要进入日常生活垃圾收运和处理处置体系。

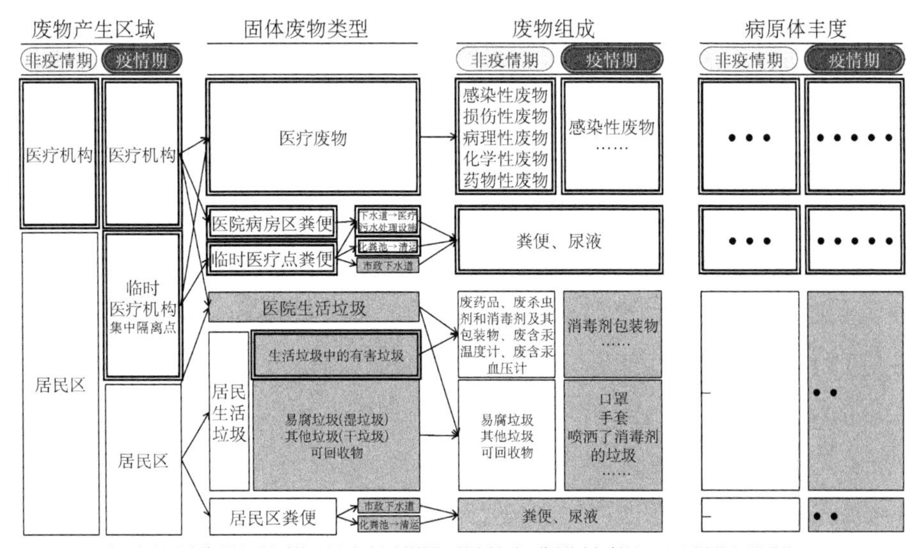

注:双线边框表示该对象公众普遍认识其危险性,会相应采取防控措施;单线边框表示普遍认为危险性低,无需采取特殊防控措施;
灰色填充表示在疫情期间存在界定模糊的灰色地带

图 3-1　疫情和非疫情期间医疗废物、生活垃圾和粪便的分类管理类别[2]

同时,疫情期间,一般生活垃圾的组成也会发生相应变化,口罩、一次性纸巾、手套等高热值废物比例提高,消毒剂以及消毒剂包装物等含氯物质的废弃量急剧增加。

在粪便、污水管理方面,非疫情期间,根据《医疗机构水污染物排放标准》(GB 18466—2005),医疗机构病区粪便和医疗污水处理厂产生的污泥需按危险废物进行处理和处置;而在疫情期间,医疗机构非病区及一般居民区产生的粪便和污水厂污泥也可能赋存病原体。

3.1.2　存在掺杂了感染性废物的生活垃圾灰色管理地带

医疗卫生机构和集中隔离医学观察点产生的生活垃圾已明确按照医疗废物要求管理。但是,居家隔离医学观察人员、不明原因发热人员、未出现症状的感染者产生的生活垃圾可能残留病原体。有文献报道,被埃博拉病毒感染的患者在治愈数十天甚至数百天后，在其粪便、尿液、汗水、唾液、眼泪、阴道分泌物、精液、母乳等人体体液和排泄物中依然能检测到病毒[8]；同样，新型冠状病毒肺炎也已发现了一定数量的无症状感染者[9]和临床治愈后病毒返阳的患者[10]。上述对象产生的生活垃圾量大、持续时间长，不可能完全按照医疗废物进行管控，必然会进入日常生活垃圾收运和处理处置体系，成为生活垃圾管理的灰色地带，急剧增加了管理的难度和风险。生活垃圾投放、分类、包装、收集、运输、转运、分散式就地处理、好氧堆肥或厌氧消化资源化利用、回收利用、焚烧处理、填埋处置的风险管控等级均远低于医疗废物，已有车辆、装备和设施均难以达到一般医疗废物管理的技术和运行要求，更达不到重大突发公共卫生事件期间对感染性医疗废物的特殊防控要求。上海、广州、苏州、厦门等省市紧急出台了新冠肺炎疫情期间的环境卫生行业作业指引，例如《上海市绿化和市容管理局关于印发新型冠状病毒肺炎疫情防控期间环境卫生行业作业流程规范的通知》(沪绿容〔2020〕56 号)、《广州市城市管理和综合执法局关于印发广州市防控新型冠状病毒环境卫生作业和管理工作指引的通知》等。这些指导文件均主要是从加强环境卫生行业作业人员的个人防护和作业环境强化消毒措施的角度入手，但是，对于可能掺杂了感染性物质的生活垃圾的收运和各类处理处置技术存在哪些病原体传播风险点不明确。以生活垃圾转运站为例，平时的臭气收集系统和处理技术是否能阻断气溶胶化病毒这类新增污染物？此外，“灰色”管控垃圾的包装和暂存等是否需要严格按照医疗废物双层包装、暂存时间不得超过 2 天等要求，均需要科学验证。

统计结果表明，医疗废物的每床位产生量[1.25～1.64 kg/(床・d)][11-12]一般高于生活垃圾人均产生量(0.8～1.2 kg/(人・d))，但其总产量仅为生活垃圾的 0.39%(2018 年，全国大、中城市的医疗废物产生量为 81.7 万吨，而生活垃圾产生量为 21 147.3 万吨[5])。上海市医疗废物的收费标准为 3 300 元/吨[13]，而上海市垃圾分类与处理全过程总成本预估为 985 元/吨[14]，也就是说，医疗废物的管理成本远高于生活垃圾。因此，在应急状态下，即便是小部分生活垃圾及少部分垃圾处理设施按照医疗废物要求进行管理，均会增加生活垃圾的总体管理成本，例如消毒剂和安全防护用品的物资需求。

3.1.3　生活垃圾性质发生变化

重大突发公共卫生事件期间，生活垃圾的性质也发生了显著变化，可能影响已有生活垃圾处理设施的运行和二次污染控制。例如：口罩、一次性纸巾、手套等高热值废物比例提升，消毒剂和消毒剂包装物等含氯物质量增加。热值、氯元素及其他物料性质的变化是否会影响现有生活垃圾焚烧处理设施的正常运行和二次污染控制均亟待深入研究。另外，为了控制感染风险，一般规定医疗废物需要双层包装，进入焚烧处置设施时不得打开包装。那么对于生活垃圾处理设施，在处理医疗废物或者“灰色”管控垃圾时，是否也需要双层包装，如何避免可能导致破袋的运行操作，双层包装的固体废物是否会影响生活垃圾焚烧设施的燃烬率和二次污染排放，这些同样是重大突发公共卫生事件引发的管理和技术问题。

3.2　疫情期间生活垃圾的风险分类

重大突发公共卫生事件期间，大规模防治使医疗废物激增，疫情传播风险使生活源固体废物（生活垃圾和粪便）具有介于医疗废物和一般废物间的灰色特征。生活源固体废物是否需要按照医疗废物管控，是否能进入日常生活垃圾收运处理系统，这些都存在管理的灰色地带，极易因废物性质定义不明而造成疫情期间固体废物管理出现“迟滞”问题，这是造成疫情固体废物管理出现“迟滞”等现象的主要压力性“瓶颈”因素。尤其是疫情期间对疫区生活垃圾的产生区域、产生量和组成，特别是管理分类将产生显著的影响，进而影响生活垃圾处理体系的正常运行。生活垃圾的合理分类，是确保在垃圾产生源头阻断病毒等病原体的传播，从而经济合理地降低后续收运和处理处置过程的传播风险的关键环节。

为了有针对性地采取从投放、收运到处理处置全过程的管理措施，有效阻断生活源固体废物处理过程中的病原体传播途径，同时避免疫情期间生活垃圾管理部门承受过高压力（增加的固体废物清运量和处理量；额外增加的防疫消毒作业要求；原有处理设施、设备的技术改造和运行优化，等等），必须依据病原体的传播风险等级，实施生活源固体废物的分类管理。

疫情期间，生活源固体废物一般可按两个层次进行分类管理。第一层次按废物产生场所(产生对象)进行分类；第二层次按产生的废物组分进行分类。

3.2.1 产生场所分类

疫情期间，生活源固体废物产生场所分类应遵循感染风险排序的原则。

风险等级最高的为疫病医疗场所，具体可分为院内医疗场所和院外医疗场所2类。院内医疗场所包括疫情专门门诊(例如发热门诊、腹泻门诊等)和隔离病区等；院外医疗场所，包括前述的疑似病患首诊隔离点、出院患者隔离点及应急建立的轻症病患隔离病区等。

风险等级次高的为医学观察场所，包括前述的密切接触者隔离点和疫区接触者隔离点。前者与疫病患者具有确定的接触史，后者则具有不确定的接触概率。因此，前者多采用集中隔离观察方式，而后者一般是居家隔离。

风险等级一般的场所，是其他的居住区、商业服务设施、办公和工业场所。其中，商业服务设施的风险与是否限制人员外出有关，不限制人员外出时的风险可能增大，反之亦然。

3.2.2 废物组分分类

疫情期间，生活源固体废物组分分类同样应遵循感染风险排序的原则。

首先，是可能作为病原体载体的各类人体排泄物、分泌物、呕吐物及其接触的各类物品，包括消化道和呼吸道排出物，及与之接触的纸巾、卫生巾、成人尿布和婴儿尿布、口罩、手套、防护服等，均属最易受污染垃圾(简称易受污染垃圾)。

其次，是可能与口腔接触的各类食品残余(餐饮垃圾和果皮、果核等)和餐盒等一次性餐具，属较易受污染的垃圾，按其物料属性，称食品垃圾。

最后，利器类废物，包括各种刀具、针头、笔尖、玻璃、瓷器和金属碎片等，因可能损坏收集、运输过程中废物的包装，也应特殊管理。

不属于上述各类的废物可作为其他垃圾纳入一类。

疫情期间各类场所的生活垃圾应按产生分区和组分交互的方式进行分

类管理，具体的分类方式如图3-2所示。

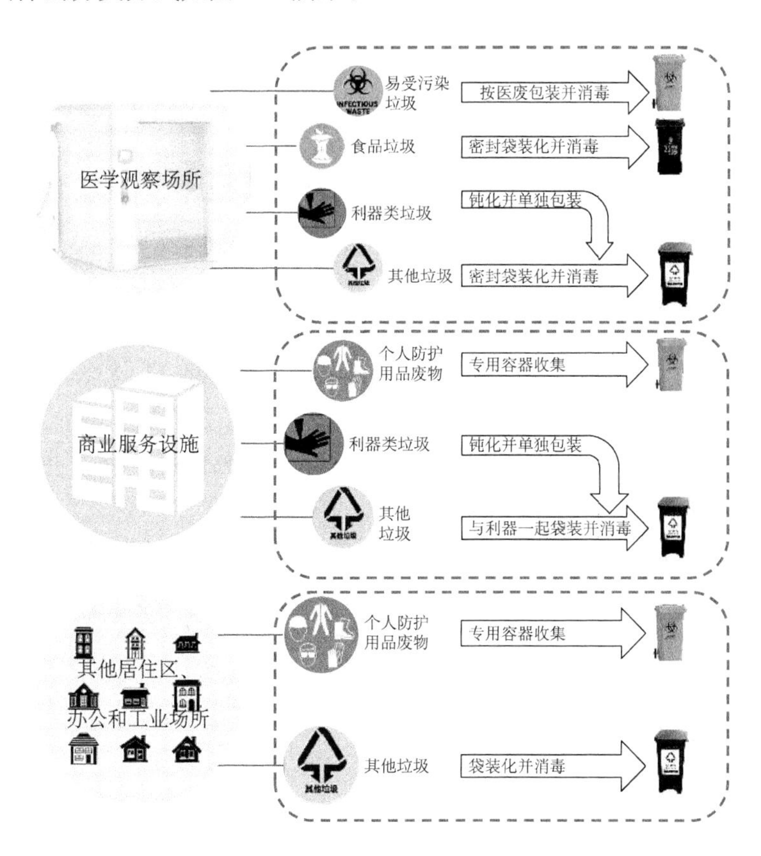

图3-2　疫情期间生活垃圾的分类[2]

疫情后期，各类院外医疗场所和集中隔离医学观察点还可能需要处理患者使用过的被褥、床垫等大件垃圾。

3.3　风险防控优先的生活垃圾分类管理

疫情期间，生活垃圾应按产生场所和组分的病原体传播风险进行分类管理。

各类疫病医疗场所产生的生活垃圾均应严格地按照医疗废物管理，病患产生的生活垃圾，由获得许可的持证单位进行收集、运输和处理处置。

其他场所产生的生活垃圾的分类管理要求见后文，技术路线如图 3-3 所示。

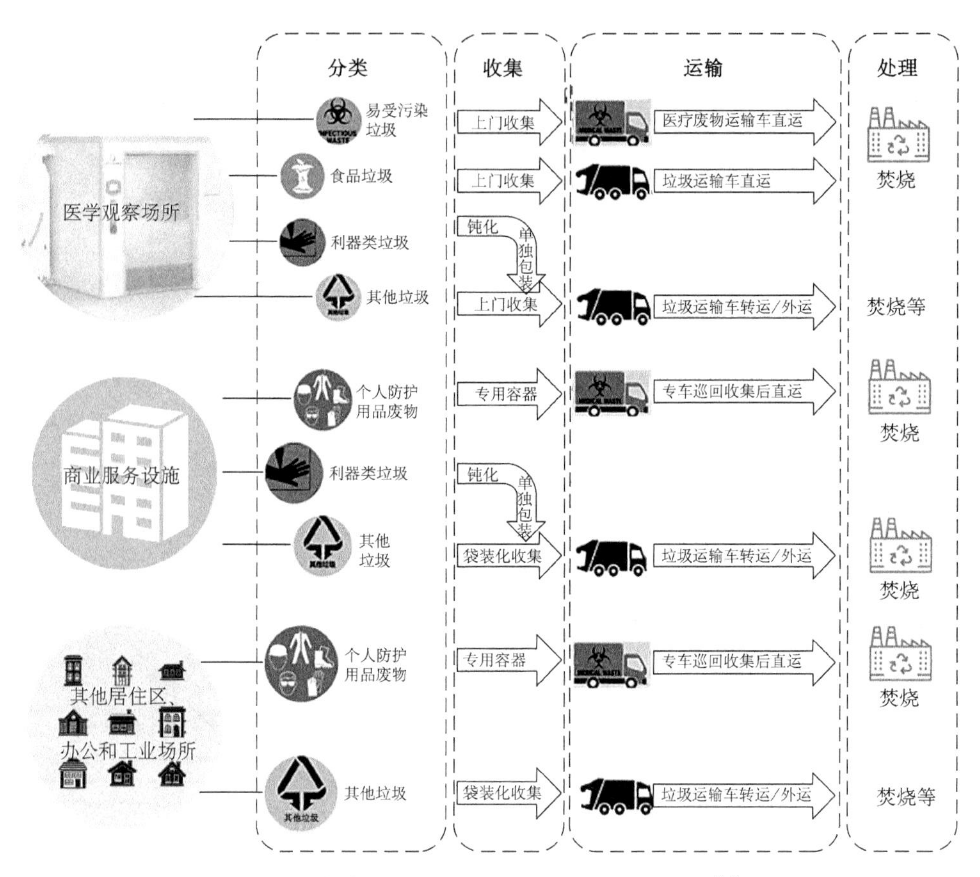

图 3-3 疫情期间生活垃圾的分类收运处理流程[2]

3.3.1 生活垃圾的投放

在非疫情期间，我国鼓励按照《生活垃圾分类标志》(GB/T 19095—2019)进行生活垃圾四分类：可回收物、有害垃圾、厨余垃圾、其他垃圾。而在疫情期间生活垃圾同样要进行分类，但分类的目的和原则发生了一定的变化。

疫情期间，生活垃圾分类投放的目的是“阻断病原体传播”。通过袋装化、密封包装(密封袋装化)和增加消毒频率的方式，根据病毒传播风险等级，在垃圾产生源头阻断病毒等病原体的传播，从而经济合理地降低后续收运和处理处置过程的传播风险。

原则是“分区分级分类管理”。根据住户的分区(首诊隔离点、出院病人集中康复隔离观察点、集中隔离医学观察点、居家隔离医学观察户、自我隔离观察户、其他住户)特点,确定风险管控等级,采取对应的生活垃圾分类方式,防止病原体污染风险高的垃圾与污染风险低的垃圾相互沾污。对生物污染等级不同的垃圾分类收集、分流管理。

同时,鼓励生活垃圾“源头减量”。在疫情期间,鼓励居民尽可能减少生活垃圾产生量,特别是食品垃圾的产生量;避免使用聚氯乙烯(PVC,塑料制品回收标识编号为3)材质的塑料包装物。

3.3.2　生活垃圾的收集、运输和转运

1. 医学观察场所

按易受污染垃圾、食品垃圾、利器类垃圾、其他垃圾分类投放和收集运输。

医学观察场所的生活垃圾均应由专人上门收集。易受污染垃圾,按医疗废物管理要求包装和消毒后,直接装入垃圾运输车,直送焚烧厂处理;食品垃圾,经密封袋装化消毒后,直接装入垃圾运输车,直送生活垃圾焚烧厂处理;利器类垃圾经钝化处理后单独包装,然后与其他垃圾合并袋装化消毒后,按原途径外运处理。

2. 商业服务设施

按个人防护用品废物、利器类垃圾、其他垃圾(含易受污染垃圾和食品垃圾)3个类别分类投放和收集运输。

个人防护用品废物,袋装投放,采用专用容器收集并消毒,由专用车辆巡回收集后直送焚烧厂处理;利器类垃圾经钝化处理后单独包装,然后与其他垃圾合并袋装化消毒后,直送生活垃圾焚烧厂处理。

3. 其他的居住区、办公和工业场所

按个人防护用品废物、其他垃圾(含易受污染垃圾、食品垃圾)2个类别分类投放和收集运输。

个人防护用品废物,采用专用容器收集,由专用车辆巡回收集后直送焚烧厂处理;其他垃圾经袋装化消毒后,按原途径外运处理。

另外，生活垃圾的收运可能涉及“转运”环节。非疫情期间，转运站会采取压缩、排风、臭气处理等操作。疫情期间，转运过程会增加环卫作业和周边人员暴露病原体的风险，压缩会破坏垃圾包装袋的密封，存在病原体外泄的风险，排风会存在病原体随生物气溶胶外泄传播的风险。因此，医学观察场所产生的各类垃圾、商业服务设施和其他场所的个人防护用品废物为直送焚烧厂类垃圾，不进行转运，收集后直接运送至焚烧厂处理。直送类垃圾需采用密闭运输车运输，若采用专用后装式压缩车运输，则不得启用压缩功能。其他场所产生的其他垃圾应在密闭压缩的转运站转运，收集和转运车辆应在每次作业后按规范消毒。

对于小型垃圾转运站，采用垃圾落地堆放后装车作业方式的转运站应立即停用。为了保障垃圾及时收运，应合理分配其承担的收运任务到邻近站点，或者调配后装式压缩车(不得启用压缩功能)进行直运。地面放置带压缩设备勾臂箱形式的转运站，在无卸料作业时，勾臂箱上口必须关闭。转运站内进行作业时，不可开启直接外排的风机；可适当加强重点部位的喷雾降尘操作。转运站内进行作业时，如果空气通过排风机直接外排，对周边环境，尤其是居民区存在病原体传播风险。因此，不能开启直接外排的风机。垃圾卸料过程中，产生较多扬尘，可适当加强喷雾，减少扬尘量，降低病原体传播风险；为减少喷雾造成气溶胶的可能性，喷雾液可采用清水。

对于大中型垃圾转运站，应严格控制进站作业车辆秩序，按不使用相邻泊位进行卸料的原则控制同时卸料收集车数量。转运站进站车辆应有序作业，按不使用相邻泊位的原则进行卸料，从而降低病原体传播风险。垃圾收集车辆卸料作业时，应提前启动卸料泊位处的抽风除臭降尘系统设备，控制臭气扩散。抽风系统不应采用直接外排的风机，抽排气体必须经过处理后达标排放。转运车辆应按垃圾箱“即满即走”的原则运行，减少垃圾在转运站内的停留时间。垃圾在转运站内停留时间的延长会增大病原体的传播风险，垃圾箱在装满后，转运车辆应尽快将其运输到指定的垃圾处理处置设施。

3.3.3 生活垃圾的处理处置

疫情期间，生活垃圾处理处置优先采用焚烧工艺。直送焚烧厂类垃圾应通过专用进料门卸料，不进行储料坑（垃圾池）内堆酵操作，直接入炉焚烧处理。

生活垃圾焚烧处理能力不足的地方，优先焚烧处理前述的直送焚烧厂类垃圾；其他垃圾采用填埋处置时，应采取多台机械平行作业等措施，缩短垃圾填入作业时间；填入作业结束后，应立即进行暴露面喷洒消毒，然后100%进行膜覆盖。

没有生活垃圾焚烧处理设施的地方，采用填埋操作时，应同时开辟2个作业面，分别填埋前述的直送焚烧厂类垃圾和其他垃圾。填入直送焚烧厂类垃圾时，应采用压实同步喷洒消毒的作业方式；2个作业面填入作业结束后，均应立即进行暴露面喷洒消毒，然后100%进行膜覆盖。

在农村地区，易腐垃圾就地处理设施（包括厌氧处理、堆肥、制饲料等工艺）均应暂时关闭，并设置防止人员接近的标志和障碍物。

中国城市环境卫生协会在2020年初召集编制形成了有关疫情期间生活垃圾全过程应急管理的系列环卫行业团体标准，目前均已在网上公开征求意见：《疫情期间生活垃圾分类投放指引（试行）》《疫情期间生活垃圾收运作业规程（试行）》《疫情期间生活垃圾焚烧厂操作规程（试行）》《重大传染病疫情期间环境卫生行业应急工作导则（试行）》，具体体现了上述应急管理的操作细则。

第 4 章　疫情期间固体废物管理案例

本章简要列举了世界卫生组织、联合国等国际组织以及美国、德国、意大利、法国、英国、日本等国家对医疗废物、感染性废物，以及针对埃博拉、H1N1 型流感、新冠肺炎(COVID-19)等特殊疫情期所采取的固体废物管理办法。这些管理办法涉及源头减量、源头分类、包装、贮存、运输、就地处理、外运处置、居民或社会性医疗保健废物、粪便、污泥等方面的内容。

可以看到，一些老龄化比较严重的国家，例如意大利、法国、英国、日本，其法规除了针对医疗卫生机构产生的医疗废物，也对居民或社会性医疗保健废物的管理有所规定。居民或社会性医疗保健废物的管理可为重大传染病疫情期间生活垃圾的管理提供一定的参考。

截至目前，对于新型冠状病毒污染的废物，各国总体并未提高其管理风险等级，其管理等级低于埃博拉病毒。美国卫生部未将其列入 A 类感染性废物。美国得克萨斯州认为，与季节性流感患者的医疗废物一样，COVID-19 医疗废物作为管制医疗废物处理即可，受管制的医疗废物可与其他医疗废物一起运输；受管制的 COVID-19 医疗废物经过处理后，可以作为常规的城市垃圾进行管理。美国劳工部认为，与城市垃圾一样，回收行业的经营者和工人应继续实施常规的工程和行政控制、安全的工作惯例以及个人防护用品(PPE)，以防止工人接触包含污染物的可回收材料；工人和经营者应像处理其他任何未受病原体污染的城市垃圾一样，处理具有潜在或已知的被新冠病毒污染的城市垃圾(例如家庭，企业)；对于具有潜在或已知被新冠病毒污染的医疗废物，应像其他受管制的医疗废物一样进行管理；新冠病毒不是 A 类感染性物质。美国加州规定，运输被新冠病毒污染的医疗废物不需要美国运输部(USDOT)签发的特殊许可证。

英国也将 COVID-19 医疗废物归为 B 类废物；与出现 COVID-19 症状的人接触的生活垃圾的管理建议保持不变，即袋装化即可。针对 COVID-19 肺炎疫情，意大利各城市社区要求居家隔离产生的垃圾不作分类，全部按干垃圾（其他垃圾）投放，这类垃圾进垃圾焚烧厂处理；新冠病毒感染病人或疑似病例居家隔离产生的垃圾应包裹至少 2 层塑料袋并密封。法国认为，对于医疗机构，没有必要将与 SARS-CoV-2 感染有关的医疗废物和医疗机构产生的其他医疗废物区分开，最终均通过焚烧或消毒进行预处理；对于私人执业的卫生专业人员，以及被感染或可能被感染、需要在家中隔离的卫生专业人员，应按照常规方法处理生活垃圾（双层包装受污染或可能受污染的垃圾，包括口罩、一次性纸巾和表面清洁带）。日本对来自家庭中新冠病毒感染者使用过的口罩、纸巾等废物的处置方法与新型流感感染者的废弃口罩的处置方法相同，即不与垃圾直接接触、密封包装（接触垃圾袋外侧情况下应双层包装）且投弃后尽快洗手。

4.1　国际组织

4.1.1　世界卫生组织

WHO 作为联合国下属的政府间卫生组织，在促进流行病的防治方面扮演着举足轻重的角色。WHO 在 2014 年更新出版了《医疗废物安全管理》（*Safe Management of Wastes from Health-care Activities*）。WHO 针对医疗废物及疫情期间固体废物相关管理办法如表 4-1 所列。

医疗废物的管理同样遵循一般固体废物“五层倒金字塔原则”中最优先的原则，即源头减量（Prevent）。源头减量可减少医疗废物产生量。没有危险性的一般生活垃圾的产生量通常较大，因此，源头分类可以进一步将一般生活垃圾和危险废物分开，减少医疗废物产生量。医疗废物中含有的尖锐物（如针头等）和感染性废物具有较大的危害性。对于感染性废物的源头消毒推荐使用高温高压蒸煮消毒，而不是采用化学法消毒。包装上，感染性废物需要用警示性黄色防漏塑料袋或容器包装，并贴上生物危害标签；尖锐物同

表 4-1 世界卫生组织医疗废物及疫情期间固体废物相关管理办法

项目	医疗废物	有关感染性废物的特别要求	重大传染病疫情期间采取的特殊措施	
			埃博拉	COVID-19
源头减量	优先从源头减量、医院层面管理控制、化学和制药材料存储等方面进行减量化。源头减量表现在减少购买、使用物理而非化学的清洁方法、在护理和清洁方面阻止固体废物产生。医院层面管控表现在危险化学品集中购买和化学品使用全过程监控。化学和制药材料存储方面减量表现在少量多次购买、检查药品的生产日期并使用最早批次的产品、使用完每一个容器中所有的产品	推荐使用物理蒸汽消毒而不是化学消毒		
源头分类	最简单的固体废物分类系统是将所有危险废物与数量较大的无害垃圾分开。为了给工作人员和病人提供最低程度的安全保障，危险废物通常分为两部分：使用过的利器和潜在的感染性物品。对于后者，最大的组成部分通常是管材、绷带、一次性医疗用品，棉签和组织。因此，将一般的、无害的垃圾，可能具有感染性的废物和用过的废料分装到不同的容器中，通常称为三箱制。其他类型的容器可用于其他类别的废物，例如将化学和药物废物以及病理性废物从废物流的其他部分中分离出来，分别以不同的方式处理和处置	携带病原体和具有疾病传播风险的固体废物（例如被血液或者其他体液污染的废物；医学实验室培养和储存的微生物；隔离病房中与高度传染性疾病的病人接触的排泄物或者其他材料）	紧急情况下，应该设置三个垃圾桶收集医疗废物。包括一般垃圾、非尖锐医疗废物和尖锐医疗废物	

（续表）

项目	医疗废物			有关感染性废物的特别要求	重大传染病疫情期间采取的特殊措施	
					埃博拉	COVID-19
包装	废物种类	容器颜色和标志	容器类型	高感染性废物：使用黄色、标有“高感染性”容器，并显示生物危害标志。容器需要是结实、防漏的塑料袋或可高压灭菌的容器。 其他感染性废物：使用黄色容器，并显示生物危害标志。容器需要是防漏塑料袋或其他容器	所有容器或者袋子应该仅装满四分之三，以避免泄漏散溢，同时避免人群或者病菌携带者接触。如果垃圾桶中没有套塑料袋，装过非尖锐废物的容器清空后应该清洗并消毒。尸体等应该根据当地文化习俗合理且安全地处置	在 COVID-19 病人治疗期间，所有产生的医疗废物应该用指定容器或者袋子安全收集，最好原位处理
	高感染性废物	黄色，标明“高感染性废物”生物危害标签	结实防漏的塑料袋或可高压蒸汽灭菌的容器			
	其他感染性废物、致病或解剖废物	黄色，生物危害标签	防漏的塑料袋或者容器			
	尖锐物	黄色，标明“尖锐物”，生物危害标签	防穿刺容器			
	化学与医药废弃物	棕色，合适的危险废物标签	塑料袋或者刚性容器			
	放射性废物	放射性标签	铅盒			
	一般卫生保健废物	黑色	塑料袋			

（续表）

项目	医疗废物	有关感染性废物的特别要求	重大传染病疫情期间采取的特殊措施	
			埃博拉	COVID-19
贮存	1. 在可能的情况下，医疗区域产生的危险废物应储存在专门用于清洁设备，存放脏布草和废物的杂物间。这样，废物可以在转移之前远离病人，然后方便地收集起来，运送到一个中央储存设施。这被称为临时存储或短期存储。 2. 如果没有杂物间，废物可以储存在医疗区附近的另一个指定地点，但应远离病人和公共通道。临时储存的另一种可行做法是在室内、医疗区域内或附近放置一个封闭的容器。用作存放感染性废物的贮存容器应标示清楚，并最好能上锁。 3. 中央储存区是卫生保健设施中的一处对不同类型的废物进行处理或收集，并在场外运输之前安全存放的地方。 4. 应在卫生保健设施内指定存放医疗废物的地点。在进行新建筑工程时，应将废物存储空间纳入建筑物设计内。这些储存区域的大小应根据产生废物的数量和收集废物的频率而定。这些区域必须完全封闭，并与供应室或食物准备区分开，装载口具备放置硬纸板压实机和包装机的空间，尖锐物箱的堆放区，回收容器区和安全存储区（如电池存储）都应具备	1. 贮存地点必须用生物危险标志标示为有传染病源的废物区。 2. 地板和墙壁应密封或平铺，便于消毒。 3. 可以的话，储藏室应该连接到一个专门的医院污水处理系统。异位处理医疗废物时不允许压缩液体含量高的感染性废物。 4. 利器可以常温储存，但其他感染性废物应冷藏。 5. 如果储存超过一周，储存温度最好不高于 3℃～8℃	1. 待处理的固体废物应该存储在有锁或者有守卫的特定区域。如果没有这种区域，应该使用带盖的大型容器，减少人员或者动物接触。用生物危害标识或者其他具有辨识度的标志标记以区分危险和非危险固体废物	

（续表）

项目	医疗废物	有关感染性废物的特别要求	重大传染病疫情期间采取的特殊措施	
			埃博拉	COVID-19
运输	1. 现场运输应尽可能在非高峰时间段进行。应使用规定的路线，以防止与工作人员和病人接触，并尽量减少装载推车通过病人护理和其他清洁区域。根据卫生保健设施的设计，内部废物运输应尽量使用单独的楼层、楼梯或电梯。运输路线和收集时间应该是固定和可靠的。运输人员应穿戴适当的个人防护装备：手套、结实且封闭的鞋、工作服和口罩。 2. 危险废物和非危险废物应分开运输。一般来说，有三种不同的运输系统： ● 一般废物的运输车应该漆成黑色，只用于非危险废物运输，并清楚标明一般废物或非危险废物。 ● 感染性废物可与使用过的尖锐废物一起运输。感染性废物不应与其他危险废物一起运输，以防止传染源的可能传播。手推车的颜色应符合感染性废物的颜色规则（黄色），并贴上感染性废物的标志。 ● 其他危险废物，如化学废物和药物废物，应分别装在盒子里运送到中央储存地点。 3. 不建议在卫生保健设施中使用废物槽，因为它们会增加通过空气传播传染源的风险。 4. 场外运输是在远离卫生保健设施的公共街道上运送医疗废物。运送危险的医疗废物应符合国家规定，如果废物通过国际边界运送处理，则应符合国际协定（1992 年《巴塞尔公约》秘书处）。在没有国家规定的情况下，主管当局可参考联合国发布的关于危险货物运输的建议	1. 感染性废物可与使用过的尖锐废物一起运输。 2. 感染性废物不应与其他危险废物一起运输，以防止传染源的可能传播。 3. 手推车的颜色应符合感染废物的颜色规则（黄色），并贴上感染废物的标志。 4. 感染性废物不能用手直接转移		

（续表）

项目	医疗废物	有关感染性废物的特别要求	重大传染病疫情期间采取的特殊措施	
			埃博拉	COVID-19
就地处理	1. 灭菌被定义为对所有微生物生命的破坏。由于很难完全消灭所有微生物，因此医疗和外科器械的灭菌通常表示为减少 6 个 log 10（即减少 99.9999%）或更多的特定微生物，这些微生物对治疗过程具有很强的抵抗力。6 个 log 10 的减少，有时也写作“6 log 的杀灭”，相当于微生物种群生存的百万分之一（0.000001）的概率。 2. 国家和地区交替处理技术协会（STAATT）分类系统用医疗废物处理的“微生物失活”水平取代了“消毒或灭菌”一词。建立了分类制度，以确定医疗废物处理技术的绩效指标。微生物失活的标准为： ● Ⅰ级：细菌、真菌和亲脂病毒失活，降低 6 log 10 或更多； ● Ⅱ级：细菌、真菌、亲脂/亲水病毒、寄生虫和分枝杆菌的失活，降低 6 log 10 或更多； ● Ⅲ级：细菌、真菌、亲脂/亲水病毒、寄生虫和分枝杆菌的失活，降低 6 log 10 或更多；硬脂嗜热性 Geobacillus 孢子和阿特法杆菌孢子降低 4 log 10或更多； ● Ⅳ级：营养细菌、真菌、亲脂/亲水病毒、寄生虫、分枝杆菌和硬脂嗜热性 Geobacillus 芽孢杆菌的失活，减少 6 log 10 或更多。	医院就地安全填埋只适用于感染性废物		

（续表）

项目	医疗废物	有关感染性废物的特别要求	重大传染病疫情期间采取的特殊措施	
			埃博拉	COVID-19
就地处理	3. 基于 STAATT 标准的医疗废物处理常用微生物失活标准为Ⅲ级。定期检测消毒技术的有效性是很重要的。各国可能有不同的规定程序，但有一般的准则和程序；例如，不断更新的 STAATT 检测程序。 4. 高压锅灭菌为代表的湿热灭菌法能够处理一系列感染性废物，包括培养物和储存物、利器、被血液和有限数量液体污染的材料、隔离和手术废物、实验室废物（不包括化学废物）和来自病人护理的“软”废物（包括纱布、绷带、窗帘、长袍和床上用品）。 5. 循环热风炉灭菌等干热灭菌法可用于玻璃器皿和其他可重复使用的器具的消毒。 6. 化学消毒法通常用于卫生保健设施，以杀灭或灭活医疗设备、地板和墙壁上的微生物。现在也用于医疗废物的消毒			
外运处置	1. 焚烧是一种高温的氧化过程，它将有机和可燃性废物转化为无机、不可燃性物质，使废物的体积和重量大大减少。高温的热过程发生在 200℃～1 000℃，包括燃烧、热解或气化过程中有机物的化学和物理分解。 2. 不建议将未经处理的医疗废物弃置于城市堆填区。但是，如果卫生保健设施没有其他选择，则应在处置废物之前以某种方式加以控制。其中一种选择是封装，包括向容器中填充废物，	双室含湿空气焚烧炉。在主室内以含湿空气模式（低于计量条件）运行，用于焚烧感染性医疗废物	紧急情况下，一般医疗废物处置方式包括在坑中或沟中就地填埋、在生活垃圾处置场处理、在坑中焚烧之后用土覆盖、低成本双室焚烧炉焚烧、封装后现场填埋或者填埋在生活垃圾	如果需要外运处理，应该弄清楚在哪里且是怎样处理医疗废物的。所有工作人员应该穿戴个人防护装备，并在脱去个人防护装备后洗手

（续表）

项目	医疗废物	有关感染性废物的特别要求	重大传染病疫情期间采取的特殊措施	
			埃博拉	COVID-19
外运处置	（续前） 添加固化材料，并密封容器。该工艺使用由高密度聚乙烯或金属桶制成的立方体盒子，其中四分之三是利器或化学或药物残留物		（续前） 填埋场中，高温工业焚烧炉中焚烧、高压灭菌锅消毒后的感染性和尖锐固废以及非尖锐固废允许掺入一般固废中。含汞温度计、压力容器、聚氯乙烯塑料（如静脉注射装置、导尿袋和 PVC 容器）、疫苗瓶、人体组织等固废不应该焚烧处理	
居民或社会性医疗保健废物处理的要求				在有疑似病例或者确诊病例的家庭，应该立即采取措施保护其他家庭成员免受病人的呼吸分泌物或者排泄物感染。卫生间一天需要清洗和消毒至少一次。先用常规的肥皂或者洗涤剂清洗，再用清水清洗。常规家用消毒剂包括 0.5%次氯酸钠（0.5%次氯酸钠和清水的比例是 1∶9）。在清洗时，应该穿戴个人防护装备，包括口罩、护目镜、防水围裙和手套。在脱掉个人防护装备后，用含酒精的洗手液或肥皂洗手

（续表）

项目	医疗废物	有关感染性废物的特别要求	重大传染病疫情期间采取的特殊措施	
			埃博拉	COVID-19
粪便污泥	医院污水的现场处理会产生含有高浓度的寄生虫和其他病原体的污泥，在处置前应进行处理。最常见的处理方法包括厌氧消化、好氧消化和堆肥	粪便感染类型是胃肠感染		1. 医护人员如果接触排泄物，应该严格洗手。如果病人不能使用公共厕所，应该用尿布或者干净的便盆收集，之后倾倒在 COVID-19 疑似或确诊病例专用的厕所。所有的医疗机构中，用于检测的排泄物应该当作生物危害型废物，且收集处理的越少越好。处理排泄物时，应该根据 WHO 接触和预防指导，使用个人防护设备以免暴露皮肤，个人防护设备包括长衫、手套、靴子、口罩和护目镜或者护面罩。 2. 如果使用尿布，使用后的尿布应该按照感染性废物处理。如果使用便盆，在倾倒排泄物之后，应该用中性洗涤剂和水清洗，用 0.5%的含氯溶液消毒，再用清水润洗。

（续表）

项目	医疗废物	有关感染性废物的特别要求	重大传染病疫情期间采取的特殊措施	
			埃博拉	COVID-19
				3. <u>公共厕所或者便盆应该满足病人的需要</u>。病人可能会突然激增，所以应该根据废水的体积，定时清空便盆或公用厕所。如果使用原位处理的方法处理排泄物，应该在排泄物中加 10%的石灰浆。 4. <u>如果排泄物不慎污染了床单或者地板，应该用毛巾擦拭，并丢弃在厕所</u>。如果毛巾是一次性的，应该当作感染性废物处理；如果毛巾是可重复利用的，应该根据溢出体液的清洗消毒指南进行清洗和消毒

资料来源：① WHO. Safe management of wastes from health care activities，2nd edition，2014.
② WHO. Water，sanitation，hygiene，and waste management for the COVID-19 virus，2020-03-19.

样需要有黄色标识，标明“尖锐物”，容器要求可防穿刺。由于医疗废物的危害性，短暂的贮存务必在指定的贮存场所安全存放。运输作业要求按指定的时间（如避开交通高峰时段）和规划的路线进行。医疗废物焚烧处置是一种高温的氧化过程，它将有机和可燃性废物转化为无机、不可燃性物质，使废物的体积和重量大大减少，但是焚烧设备应该根据当地现有的资源和现状选取。不建议将未经处理的医疗废物弃置于城市堆填区，但如果废物处理设施有限，则应采用封装等手段避免医疗废物对环境的污染。

对于重大传染病疫情，WHO 提出了具有针对性的特殊措施。医疗机构产生的垃圾应按一般生活垃圾、尖锐医疗废物（即损伤性医疗废物）和非尖锐医疗废物分类。感染性废物通过焚烧处置实现无害化，但是含汞温度计、压力容器、聚氯乙烯塑料（PVC）（如静脉注射装置、导尿袋和 PVC 容器）等不应焚烧处理。

针对埃博拉疫情，提出限制使用注射针头和其他锐器，保护好皮肤擦伤部位，并穿戴个人防护装备，将使用过的尖锐物品丢弃至合适的、防穿刺的利器盒中等措施。

针对 COVID-19 疫情，则特别强调了治疗过程中产生的垃圾须投入特定的容器，且最好原位处理，以减少感染风险；同时，要特别防止接触确诊或者疑似病例的呼吸分泌物或者排泄物，以切断病毒的人际传播。

4.1.2　联合国环境规划署

联合国环境规划署（United Nations Evironment Programme, UNEP）总部位于肯尼亚首都内罗毕，是联合国系统内负责全球环境事务的牵头部门和权威机构。联合国环境规划署于 2002 年 12 月在审议《巴塞尔公约》实施情况会议中，提出了《生物医疗与卫生保健废物无害化环境管理技术准则》（*Technical Guidelines on the Environmentally Sound Management of Biomedical and Healthcare Wastes*），简称《准则》。根据《准则》的定义，生物医疗和卫生保健废物包括卫生保健产生的固态或液体废物（包括收集的气体废物）。为了有效管理生物医疗和卫生保健废物，《准则》认为，应考虑下列因素：①废物产生和尽可能源头减量；②源头分离和隔离；③确定废物类别和分类；④搬运和贮存；⑤包装和贴标签；⑥卫生保健机构场内和场外运输；⑦处理；⑧残余物（包括排放物）的处置；⑨职业卫生和安全，公共卫生和环境卫生；⑩有利害关系方和社区的认识和教育；⑪研究和开发更好的技术以减轻对环境的损害。具体如表 4-2 所列。

表 4-2　联合国环境规划署医疗废物及疫情期间固体废物相关管理办法

项目	医疗废物	有关感染性废物的特别要求
源头分类	分类应在废物产生单位的监督下进行，并应尽量贴近产生点。因此，分类应在来源处进行，即在病房、床边、手术室、实验室、交付室等，而且必须由产生废物的人进行，例如护士、医生或专家，以便立即收集废物和避免危险的二次分类。应当根据生物医疗和卫生保健废物定义中所列的废物种类进行分类	1. 被危险传染病患者的血液及其衍生物、其他体液或排泄物污染的遗弃材料或设备。接受血液透析的已知具有血液传染病的病人的受污染废物（例如：透析设备如管子和过滤器、一次性被单、纱布、围裙、手套或受血液污染的实验室外套）。 2. 实验室废物（带有经人工培养而使数量大大增加的、任何有活力生物媒介的培养基和备料，包括用来转移、接种和混合感染性媒介培养的容器和设备，以及实验室的受感染动物）。 3. 来自传染病患者、隔离病房、接受血液透析的传染病患者的尖锐物，或受实验室废物污染的其他尖锐部件，必须列为感染性废物
包装	1. 始终应优先使用采用无氯防漏可燃材料制造的废物容器。可将存储废物的塑料袋悬挂在框架内或衬在结实的容器内。应提供盖子盖住袋口。尖锐物必须始终收集在耐穿刺的容器内（非玻璃制成），以避免搬运废物的工作人员受到伤害和感染。 2. 应确保在废物袋所装东西不超过三分之二时取走并加以密封。优先的封口方法为使用自锁式塑料封口片，口袋不应用订书钉封口。每个口袋应标上产生点（病房和医院）和内容。 3. 应为生物医疗和卫生保健废物制定共同的标签和包装编码制度。认定生物医疗和卫生保健废物的一种可行的方法是将废物分类装入用彩色编码的口袋或容器	1. 必须采用耐撕裂和防漏的容器收集，容器标有生物危险符号，并在仔细密封的条件下运到中心存储机构/交付点。收集和运输时必须采取无直接接触可能性的方式，在中心存储机构或交付期间不得转入其他的容器。 2. 包装应当包括下列必要内容： 内包装：①金属或塑料材质带防漏密封（例如，加热密封、加防护罩的塞子或金属卷边密封）的不漏水容器；②不漏水的二次包装；③足够数量的减震材料以占据原始容器与二次包装之间的整个空间，如果几个原始容器置于单个二次包装体内，应分别包捆以防彼此接触。 外包装：应具有适合的容量、质量和

（续表）

项目	医疗废物	有关感染性废物的特别要求
包装		预定用途的足够强度，最小外围尺寸为100毫米。 3. 所有废物口袋或容器应有产生单位和内容的信息的标签。这种信息可以直接书写在口袋或容器上，或采用预先印刷的标签
收集	1. 应每天从病房收集废物，或按要求频率收集，运至中心存储地。 2. 口袋如无说明产生点（医院和病房）和内容的标签则不得取走。 3. 工作人员应立即用同类新口袋或容器换掉原有的。 4. 废物产生点应随时备有空的收集口袋或容器。 5. 应确保产生点不积累废物。 6. 废物管理计划中应制定收集废物的例行规定	
贮存	1. 存储区（不论是单独的区域、房间还是建筑物）的大小应与产生的废物量和收集频次相对应。这些区域必须是完全封闭并与供应室或食品制作室隔开。 2. 应将存储区定位为有感染性废物的区域，醒目标记生物危险符号。不应将其他废物与感染性废物存放在同一存储区。必须按照单位既定程序彻底清洗存储区的地面、墙壁和天花板。这些程序制定时应咨询单位的防疫委员会、生物安全工作人员或其他指定人员。 3. 关于医院等卫生保健机构的生物医疗和卫生保健废物存储设施的建议： ● 不渗透的坚硬地面、排水良好，易于清洁和消毒，并配备给水系统； ● 负责搬运废物的工作人员易于出入； ● 可上锁，以防止无关人员擅自闯入； ● 收集车辆（手推车）出入方便； ● 动物、昆虫和鸟类不得进入； ● 照明和通风良好；	存储时必须避免收集容器内形成气体。为此，必须尽量缩短存储期。存储期以气候条件而定（例如，存储温度低于15℃时不超过一周，在3℃至8℃时可更长些）。 如果存储时间超过一周，必须冷藏于3℃至8℃之间

（续表）

项目	医疗废物	有关感染性废物的特别要求
贮存	● 不贴近新鲜食品存放点或食品制备区； ● 位于清洁设备、保护服和废物袋或容器的供应点附近。 4. 除非备有冷藏室，否则建议废物的产生与处理之间的储期如下： 温带气候：冬季最长 72 小时，夏季最长 48 小时。 热带气候：凉爽季节最长 48 小时，炎热季节最长 24 小时。 5. 解剖废物存储温度应为 3℃～8℃。卫生保健机构应根据它们的存储容量、废物产生速度和地方管理要求，确定冷藏或冷冻生物医疗和卫生保健废物的最长存储期。 6. 冷藏或冷冻存储废物的单位应使用可锁的封闭存储设施或可锁的家庭式冰冻设备。任何一类设备只应用于存储解剖废物和感染性废物，必须醒目标记生物危险符号，必须标明含有感染性废物。注意：温度较低时，含有传染媒介的玻璃或塑料制品可能破裂。 7. 不得压实非现场处置（途中存在外溢风险）过程中未经处理的感染性废物，或含有大量血液或体液的废物。应将具细胞毒性的废物存储在指定的地点，区别于其他生物医疗和保健废物的专用贮存间	
运输	1. 运送时应防止工作人员和其他人不必要的接触。 2. 应尽量减少废物容器的搬运和运输，以减少暴露的机会。 3. 内部通行的具体路径应尽量减少载货车辆通行于患者护理区及其他清洁区的可能。 4. 运送生物医疗和卫生保健废物的手推车设计应做到防止外溢，并使用抗清洁剂腐蚀的材料制作 手推车应具有以下属性： ● 装卸方便； ● 没有装卸过程中可能损坏废物袋或容器的锋利边缘；	

（续表）

项目	医疗废物	有关感染性废物的特别要求
运输	● 便于清洁。 5. 运输完成时，废物袋所有封条应留在原位。应定期清洁手推车以防止异味，如果废物在车上漏出或溢出，应尽快清洁。在运输感染性废物的车上应标上醒目的生物危险符号。在进行维护工作前，必须彻底清洁这些车辆。清洁的次数和拟使用的清洁剂种类，应咨询防疫委员会、生物安全工作人员或其他指定人员	
就地处理		感染性废物必须焚化，或在最终处置前采用允许的方法消毒，最好是用饱和蒸汽处理。经消毒的废物可按与生活垃圾相同的处理方法处置。消毒设备必须按废物消毒规定的工作参数运转，而且必须就这种工作方式提供规范依据。如果使用移动式消毒设备处理感染性废物，只有废物处理部门提供证明，设备的功能可靠性和运转可靠性由主管当局或经批准的机构定期检查之后，方可允许使用。 蒸汽消毒设备的效率必须在首次使用和之后按固定间隔（例如一年两次）由指定的机构核查
其他说明		1. 感染性废物可能含有很多种病原微生物，但接触废物不一定都会使人和动物受到传染。 2. 废物所含的病原体可以通过下列途径传染给人体：皮肤的裂口或切口吸收（注射），黏膜吸收及罕见情况下由吸入和摄取吸收。 3. 高浓度病原体培养基和污染的尖锐物（特别是注射针头）也许是对人类健康最危险的废物

资料来源：① Basel Convention series/SBC No. 2003/3, Technical Guidelines on the Environmentally Sound Management of Biomedical and Healthcare Wastes （Y1；Y3），（2003. 9）. http://basel.int/Implementation/TechnicalMatters/DevelopmentofTechnicalGuidelines/TechnicalGuidelines/tabid/8025/Default.aspx.

② https://www.unenvironment.org/news-and-stories/press-release/waste-management-essential-public-service-fight-beat-covid-19.

根据美国医院联合会的报告，医疗废物中一般非感染性废物占85%，感染性废物占10%，其他危险废物（化学/放射性废物）占5%。如果进行源头分类，最终收集到的感染性废物可减少到卫生保健机构产生废物总量的1%～5%。生物医疗和卫生保健废物包括：①感染性卫生保健废物；②化学、有毒或药品废物；③尖锐物；④放射性废物；⑤其他危险废物。

感染性卫生保健废物可定义为：受危险传染病患者的血液及其衍生物、其他体液或排泄物污染的遗弃材料或设备，实验室废物（生物媒介的培养基、实验室受感染的动物等）。《准则》对感染性废物的包装有详细的要求，比如，容器必须耐撕裂、有防漏设计、使用减震材料等。收集和运输禁止采用直接接触的方式，而且在贮存或交接期间不得转入其他容器。贮存时必须避免收集容器内形成气体。为此，应尽量缩短贮存时间。感染性废物应焚烧处理，并且在最终处置前用饱和蒸汽消毒处理。经消毒的废物可按与一般生活垃圾相同的处理方法处置。

针对COVID-19疫情，UNEP认为，上述《准则》仍然适用。UNEP强调了安全处置居民生活垃圾的重要性，这是因为医疗废物（比如受污染的口罩、手套、过期药品等）应单独收集并按危险废物处置，然而在现实中，它们常常和居民生活垃圾混在一起。

4.1.3 红十字国际委员会

总部位于瑞士日内瓦的红十字国际委员会（International Committee of the Red Cross, ICRC）是以国际法（特别是《日内瓦公约》）为基础、致力于迅速有效地应对武装冲突或在冲突地区爆发的自然灾害所带来的人道需求的政府间组织，其公正、独立和中立的工作原则受到各国政府、联合国和其他组织的广泛认可。

ICRC于2011年出版了《医疗废物管理》（*Medical Waste Management*），详见表4-3。ICRC首先强调了医院产生的75%～90%的垃圾属于一般生活垃圾，与居民小区产生的垃圾无异，这类垃圾应该按一般生活垃圾进行收集、运输和处理处置。除生活垃圾外，有害的医疗废物可以分为五类：①尖锐物；②有污染风险的废物、解剖废物和感染性废物；③医药废物、含细胞毒性废物、含重金属废物、含有害化学物质的废物;④压力容器;⑤放射性废物。

表 4-3　红十字国际委员会关于医疗废物的处理方法

项目	医疗废物
源头减量	1. 从源头上减少废物:选择产生较少废物的产品。例如,减少包装材料;选择回收空容器(清洁产品)的供应商;将气瓶归还给供应商重新充装。防止浪费:例如,在护理过程中或在清洁活动中,选择可以重复使用的设备,如可以清洗的餐具,而不是一次性餐具。 2. 禁止重复使用针头或注射器,注射器的塑料部分在一些地区可以进行回收,但红十字国际委员会不建议采用这种做法。 3. 产品回收,回收电池、纸张、玻璃、金属和塑料等。植物废物(厨房及花园废物)堆肥。摄影用银的回收
源头分类	1. 垃圾分类必须始终是产生实体的责任。垃圾分类必须尽可能靠近废物产生的源头。 2. 一般情况下对处理方式相同的废物进行分类是毫无意义的,除了那些必须从源头上与其他废物分开的物品,如尖锐物品。 3. 如果非有害物质被放置在有污染风险的废物容器中,则该废物也必须被纳入有害的范畴(预防原则)。 4. 识别不同种类的废物及鼓励市民分类的最简单方法,是把不同种类的废物收集在不同的容器或塑料袋内,这些容器或塑料袋均以不同颜色标记和(或)以符号标示
包装	1. 生活垃圾可以装在黑色袋子里。 2. 包装袋必须放在坚固的容器内或装有脚轮的架子上。在某些情况下,如果没有塑料袋,容器必须首先被清空,然后清洗和消毒(用 5%活性氯溶液)。 3. 塑料袋选择的标准:根据废物产生的数量选择适当大小的容积,足够厚(70 μm ISO 7765 2004),无氯塑料。 4. 出于文化或宗教原因,解剖废物不能总是用黄色塑料袋收集。它必须按照当地习俗处理(通常是填埋)。 5. 化学废物和医药废物必须分开分类和处理。这些子类别包括汞废物、灯泡、电池、照相显影剂、实验室化学品、杀虫剂和药品等。 6. 当袋子和容器装满三分之二时就必须密封。不要把袋子堆起来或倒过来,应戴手套从上往下抓(千万不要紧贴身体)
贮存	1. 必须指定一个特定的区域来存放医疗废物,并且必须符合以下标准:①必须关闭,只有经过授权的人才可以进入;②必须与任何食品储存区分开;③必须密封,防止光照;④地板必须防水,排水良好;⑤必须容易清洗;⑥保护它不受鼠类、鸟类和其他动物的侵害;⑦必须有方便进出现场的交通工具;⑧必须通风良好,照明充足;⑨必须被分隔(以便不同类型的废物可以被分类);⑩必须靠近焚化炉(如果采用焚化处理方法);⑪附近一定要有清洁消毒用具;⑫入口必须有标识("禁止擅自进入""有毒"或"有感染风险")。 2. 废弃物可在 3℃～8℃的冷藏区存放一周,如无冷藏区,感染性医疗废物的存放时间不得超过以下时间限制:温带地区冬季为 72 小时、夏季为 48 小时;炎热地区凉爽季节 48 小时、炎热季节 24 小时

（续表）

项目	医疗废物
运输	1. 运输废物的工具必须尽可能预留作该用途，而每一种废物(例如，一辆手推车装生活垃圾，另一辆手推车装第一类或第二类医疗废物)必须使用不同的工具。 这些运输工具必须符合下列要求：①必须易于装卸；②不得有任何可能撕破袋子或损坏容器的尖角或边缘；③必须容易清洗(含 5%活性氯溶液)；④必须清楚地标记。 2. 场外运输工具必须符合以下要求：①必须密闭，以避免洒漏；②必须配备安全的装载系统(以防止任何废物溢出；③如果负载超过 333 公斤，则必须按照现行法律进行标识。 3. 交通工具必须每天清洁。 4. 现场运输：设施内可使用不同的运输工具——手推车、带轮子的集装箱输送废物。 5. 在设施内，废物必须在空闲时间运输。行程必须有规划，以避免工作人员、病人或公众接触。它必须尽可能减少经过洁净区(消毒室)、敏感区(手术室、重症监护病房)或公共区域。 6. 场外运输：包装、标签和跨境运输方面必须符合关于危险物质运输的国际法和《巴塞尔公约》。如果没有关于该问题的国际法，应参考《联合国关于危险货物运输的建议》或《欧洲关于国际公路危险货物运输的协定》(ADR)。若运载的有被污染风险的医疗废物(UN 3291)少于 333 公斤，则无须作标记，否则必须有标记牌。 7. 跨境运输：《巴塞尔公约》对废物的出口制定了严格的规定。每个国家都必须核定该公约的条款是否生效。以巴基斯坦为例，它是《巴塞尔公约》的签字国，但尚未批准其修正案，巴基斯坦将公约中的相关要求纳入《巴基斯坦环境保护法(1997)》。根据《巴塞尔公约》，在医院、医疗中心和诊所提供医疗服务产生的医疗废物代码为 Y1，而不需要/不用的药物的代码是 Y3。在生产、准备和使用摄影产品和材料过程中产生的废物的代码是 Y16。 8. 如果将这些废物的运输分包给外部公司，红十字国际委员会要求必须确保承运人有资质处理危险物质并遵守现行的法律，而且还必须确保废物在目的地得到适当和安全的处理
就地处理外运处置	1. 处理和处置方法的选择取决于若干因素：废物的数量和类型；医院附近是否有处理场所；处理处置方法的文化接受程度；是否有可靠的运输工具；医院附近是否有足够的空间；经济可行性；原材料和人力资源；是否有相关国际法；气候条件；地下水位等。 选择某种方法时必须考虑到尽量减少对健康和环境的负面影响。废物处理没有通用的解决方案，所选择的方案应根据当地情况确定。如附近没有适当的处理设施，医院有责任在现场处理或预处理废物。这样做还有一个好处，就是避免了危险物质运输过程中产生的污染风险。 2. 可根据情况和有关废物的种类，采用下列处理或处置技术。 ● 消毒 化学法：添加消毒剂(二氧化氯、次氯酸钠、过氧乙酸、臭氧、碱水解)。 热处理：低温(100℃～180℃)——蒸汽(高压釜、微波)或热空气(对流、燃烧、红外热)；高温(200℃～1 000℃以上)——焚烧(燃烧、热解、气化)。

（续表）

项目	医疗废物
就地处理外运处置	辐照：紫外线、电子束；生物酶。 ● 机械处理：切碎（该过程不清除废物）。 ● 封装（或固化）。 ● 掩埋：卫生填埋场、壕沟
其他说明	人员保护措施： 一级预防：①使用不含毒性物质，且自动化程度较高的设备，如自锁注射设备。②收集预防技术：例如，使用针插座，通风。③组织预防：如分配人员职责，管理（分类，包装，标签，储存，运输），优化做法（如避免把瓶盖放回注射器），培训。④个人预防：个人防护用品、疫苗接种、洗手。 二级预防：即万一发生意外（意外接触血液、溢出）时采取的措施

资料来源：Medical waste management. International Committee of the Red Cross 19, avenue de la Paix 1202 Geneva, Switzerland.

医疗废物管理的首要原则是源头减量，比如减少包装物和减少一次性产品的使用；从源头降低废物的风险，比如采购不含 PVC 的防护装备等；物质回收，回收塑料、纸张、金属等；优化库存管理，比如采用集中采购的方式。源头分类，源头分类的原则包括：①应尽可能在固体废物产生处进行分类；②根据不同的处理工艺对固体废物分类，尖锐物在任何时候务必源头分类。

不同类型的医疗废物通过颜色代码和符号区分。三容器分类法（尖锐物、感染性废物、一般生活垃圾）通常可以作为一种简单易行的分类方法。垃圾袋的厚度要求大于 70 μm，无氯且抗拉伸（根据 ISO 7765 2004 标准测试）。由于感染性废物的危害性，这类废物的贮存首先要满足：①安全性，即公众无法接触到；②时效性（取决于贮存温度）。医疗废物的运输分为场内运输和场外运输。场内运输应在闲时进行，场外运输要确保垃圾的包装和标识的规范性。跨境运输需要遵守《巴塞尔公约》相关规定。医疗废物的最终处理处置技术取决于很多因素，包括医疗废物产量、医院周边处理设施的可用性、当地水文条件等。常见的处理处置技术包括：消毒、机械处理（破碎）、尖锐物固化、填埋等。超过 1 000℃的大型焚烧厂可以使各类医疗废物减量。但是，医疗废物的就地处理可以考虑小型的焚烧炉（超过 850℃）或水泥窑等其他工业窑炉。

4.1.4 欧洲疾病预防与控制中心

欧洲疾病预防与控制中心(ECDC)是欧盟的疾病预防和控制机构，2019年10月，出版了《严重后果传染病输入性病例的卫生应急准备》(*Health Emergency preparedness for Imported Cases of High-conseguence Infect: Ous Diseases*)。其中，感染性废物管理参考美国疾控中心在2019年4月更新的《埃博拉相关废物管理》(表4-4)和联合国儿童基金会2014年11月更新的《埃博拉病毒疾病:废物管理指南》(表4-5)。

表4-4 欧盟疫情期间固体废物相关管理办法(参考美国)

项目	重大传染病疫情期间采取的特殊措施(埃博拉)
源头分类	1. 在护理疑似或确诊埃博拉患者时，使用和丢弃的利器、敷料和其他用品。 2. 对疑似或确诊埃博拉患者的样本进行临床实验室检测的废弃用品。 3. 清洁病房;救护车、飞机和其他车辆;机场和其他交通设施;住宅;或其他疑似或确诊的埃博拉病毒污染区域产生的废物。 4. 在疑似或确认的埃博拉病毒污染环境中工作后，丢弃的一次性个人防护设备(PPE)
包装	1. 将材料放入双层防漏袋中，并存放在刚性的防漏容器中，以降低工人暴露风险。如果最终需要运输废物，则从一开始就应遵循美国运输部(DOT)的包装指南，以尽量减少重新包装或额外处理。 2. 在为工人选择个人防护设备(PPE)时，经营者应遵循在产品标签上的制造商说明和环境保护署(EPA)注册的消毒剂安全数据表上的说明。 3. 对尖锐物使用防穿刺容器。 4. 根据职业安全与健康管理局(OSHA)血液传播病原体标准(29 CFR 1910.1030)和美国运输部(DOT)通用标识要求，标记非散装包装(49 CFR 172.301)的外包装。 5. 确保废物容器的外部没有受到污染。将管理控制与工作实践相结合，避免在废物放入容器时污染容器。 6. 对放入容器的袋子外侧以及容器本身(如果它们接触到潜在的感染性废物)实施有效净化。 7. 如果多孔容器(例如瓦楞纸板箱)受到污染，则应将其放入另一个容器。 8. 用环境保护署(EPA)登记的针对非包膜病毒(如，诺如病毒、轮状病毒、腺病毒、脊髓灰质炎病毒)的消毒剂对垃圾袋的外侧进行消毒。按照制造商的建议，用适当的消毒剂擦拭或喷洒袋子。按照产品标签上的制造商说明，了解特定消毒剂的浓度、使用方法和接触时间。 9. 如果可行，在废物包装并送出设施进行处置之前，考虑使用适当的高压灭菌器在现场灭菌垃圾。多孔材料可能需要多个高压灭菌循环，以确保热量和蒸汽的渗透。这种方法可能比仅延长单次灭菌时长更有效

（续表）

项目	重大传染病疫情期间采取的特殊措施（埃博拉）
运输	1. 经营者必须保护收集废物和运送废物的工人，避免接触收运废物中的感染性病原体。 2. 遵循严格的包装协议，包括在原产地（即废物产生地）净化废物容器，可降低收集包装废物的工人接触埃博拉病毒和其他感染性病原体的风险。 3. 将废物容器尽可能低地放在手推车或运货车上，以及卡车或其他运输车辆中，以防止倾覆和溢出。使用合适的打包带或固定索具将容器（尤其是堆叠容器）固定在车辆内。 4. 经营者必须采取措施，保护工人免受污染废物容器的侵害，并在必须处理明显被污染或已知和怀疑有埃博拉病毒污染的废物容器时，保护工人。 5. 如果经营者确定存在更严重的危险，如处理含有明显污染的血液、体液或其他未知的潜在感染性的废物容器，则可考虑为废物收集和运输工人提供额外更具保护性的个人防护设备
就地处理	1. 工人接触这些病原体的可能性更大，经营者需要保护工人免受埃博拉病毒的侵害。 2. 在废物得到完全处理和净化之前（包括打开容器将废物装载到加工线、高压灭菌器或焚化炉中时）接触废物的工人，与接触已经处理过的废物（例如，焚化灰或在其原产地已适当灭毒的废物）的工人相比，接触埃博拉病毒和其他感染性病毒的风险可能更高。经过适当处理和净化的废物不再具有感染性。 3. 将废物容器尽可能低地放在推车上，并在堆放时防止倾覆和溢出。使用合适的搁板、打包带或其他设备固定堆叠容器。 4. 如果经营者确定存在更严重的危险，则必须考虑提高废物处理和处置工人的个人防护设备水平。 5. 遵守适用于医院/医疗/感染性废物焚烧炉的环境保护署、州和地方法规。 6. 负责处理可重复使用的收集和储存容器、在处理设施内进行内务管理或清洁运输车辆的工人可参阅 OSHA 的“Cleaning and Decontamination of Ebola on Surfaces”
外运处置	1. 使用热处理（如微波）、高压灭菌、焚烧或其组合，或其他普遍接受的方法进行适当处理和消毒后的废物不被视为具有感染性。 2. 根据州规定，这些废物可以按照所在州管辖下的设施通常使用的方案进行安全处置。 3. 与固体废物一样，应考虑其他适用的处置要求（例如，在规范数量内的非感染性材料，如有毒金属）。 4. 选择尽量减少工人接触埃博拉病毒或其他病原体潜在可能的废物处理技术。 5. 使用整体封闭的焚烧炉，避免开放容器导致的暴露。 6. 如果使用高压灭菌器设备，使用生物和非生物指标验证和定期测试方案，确保高压灭菌器的温度和压力保持足够长的时间，以杀死所有废物中的所有有机体，且热/蒸汽可以穿透包装和任何多孔材料。

（续表）

项目	重大传染病疫情期间采取的特殊措施（埃博拉）
外运处置	7. 每周（或更频繁）使用生物或非生物指标进行测试，确保高压灭菌设备正常工作。 8. 请勿使用开放式燃烧技术，因为会使工人和其他人接触到有害的空气污染物。 9. 不要破碎受污染的废物 ● 破碎，特别是开放的设备和通风的工作区，可能会导致产生生物气溶胶（气溶胶液滴含有可吸入感染性颗粒）。 ● 破碎机可能会被非典型、多孔的废物（如亚麻布、地毯、窗帘或其他纺织品）堵塞，在无法净化时必须丢弃
其他说明	1. 采取措施尽量减少固体和液体废物。 2. 在废物产生之前，确定废物处理、收集、处理、运输和处置的完整链条。确保焚烧飞灰或其他完全处理的材料具有最终处置去向。 3. 制定废物管理计划，提前获得必要的合同和许可证，以帮助避免潜在的暴露危险、安全风险和存储问题。在废物产生之前预先确定废物管理设施；废物管理设施可能有自身需求，需要加以考虑。 使用合适的防护装备： 1. 经营者需评估工作场所，以确定存在哪些危险，然后选择适当的个人防护装备来保护工人。 2. 执行不同作业任务的工人（例如，将废旧容器装载到卡车上的工人和将容器清空倒入加工线的工人）可能具有非常不同的暴露，需要不同的个人防护装备。 3. 工人必须使用个人防护装备，以帮助最大限度地减少通过黏膜和破损的皮肤，或通过吸入生物气溶胶接触病毒。 4. 废物处理、运输和处置过程中可能需要的个人防护装备示例包括： ● 丁腈手套（考虑使用双层手套和/或防穿刺手套提供额外保护）； ● 护目镜或面罩； ● 防水或不透水的长袍或连体裤和围裙； ● 覆盖鼻子和嘴的口罩； ● 带防护鞋罩的专用可洗鞋； ● N95 呼吸器、动力空气净化呼吸器（PAPRs）或其他呼吸保护设备。 5. 对员工正确使用个人防护装备进行培训、实践和观察是重要的感染控制措施。 6. 工人应尽可能降低皮肤和黏膜接触潜在感染性物质，正确使用和脱除个人防护装备，避免自我污染

资料来源：European Union. Health emergency preparedness for imported cases of high-consequence infectious diseases. Operational checklist for country preparedness planning in the EU/EEA countries. https://www.ecdc.europa.eu/en/publications-data/health-emergency-preparedness-imported-cases-high-consequence-infectious-diseases.

该文件参考了以下资料：US Centers for Disease Control and Prevention[EB/OL]. Ebola-Associated Waste Management (2019-04-3)[2019-07-31]. https://www.cdc.gov/vhf/ebola/clinicians/cleaning/waste-management.html.

Safe Handling, Treatment, Transport and Disposal of Ebola-Contaminated Waste.

表 4-5　欧盟疫情期间固体废物相关管理办法(参考联合国)

项目	重大传染病疫情期间采取的特殊措施(埃博拉病毒)
源头分类	埃博拉护理中心/单位产生的所有固体废物都可能受到污染,必须用不同方法安全收集、运输和处置
包装	1. 被感染的患者用过的床垫在焚烧前应喷洒 0.5%的氯溶液。此外,胎盘和活检样品等生物废料应装在密封、防漏的尸体袋(或双袋中,以确保没有泄漏,根据世卫组织建议),并掩埋或焚烧。 2. 所有尖锐物(包括注射器、针头、手术刀刀片、导管和其他尖锐物)均应放在防穿刺/防漏密封的专用一次性容器中。 3. 所有用过的一次性个人防护装备、非锐器和其他感染性医疗废物,均需收集在防漏危险废物袋中,并放入有盖的垃圾箱中。建议在安全密封之前将 0.5%的氯溶液浇注到垃圾袋顶部,作为预处理消毒。该过程可发生反溅,所以应该小心保护眼睛。 4. 产生的所有其他废物(即手套、口罩、手术服)应收集并装在废物袋和垃圾箱中。密封的废物袋外侧应喷洒 0.5%的氯溶液
贮存	任何未喷洒或浸入 0.5%的氯溶液中的材料或废物不得离开患者房间或隔离/护理场所。根据世卫组织的建议,所有埃博拉治疗场所都应为疑似病例和非疑似病例设立单独的废物管理和处置设施
运输	不要将垃圾袋或垃圾箱扛在身上(例如肩部)
就地处理	1. 放置在指定深度(例如 2 米,约 7 英尺)的坑中,并填充至 1～1.5 米(约 3～5 英尺)的深度焚烧。每次燃烧后,应覆盖一层 10～15 厘米深的土壤。 2. 设计固体废物管理坑时,必须考虑产生的废物类型、风向、到中心/单位的距离、地质和地形类型、与水源的距离、地点的可用性和适宜性,以及病人数量、所需的工作人员和废物管理技术人员的数量。 3. 如果由于废物量大或缺乏空间,无法在当地处置废物,可使用集中和大规模焚烧的办法
粪便、污泥	1. 尿液或呕吐物等液体废物应倒入 0.5%的氯溶液进行消毒,如果有足够的污水系统,应安全冲入下水道系统。在污水系统不足的情况下,尿液和呕吐物在冲入浸泡坑之前,应先用 0.5%的氯溶液或漂白剂净化。 2. 如果空间和地质条件允许场地围堵,则临时坑式厕所是可以接受的,也是首选。 3. 临时坑式厕所能迅速填满,因此,需确保有足够的空间和资源来建造和停用临时厕所(投加石灰到排泄物中增加 pH 到 12 左右,用土壤覆盖并使其紧密结合)。使用耐用标识标记停用地点。如果建造临时坑式厕所不可选,且空间和地质条件允许,应考虑稳定池相连的冲水厕所。建议根据每类人员一个厕坑的比率,为工人、确诊病例和疑似病例 3 类人员建造单独的厕所。 4. 为了尽量减少接受处理的液体的体积,将灰水与黑水分开。在排放到渗水坑之前,将额外的 0.5%氯溶液加入灰水中。如果空间和地质条件允许,建造一个简单的废水处理单元/稳定池(至少 1 h 保留时间),和大容量污泥池(在污泥产生量为最大值时容量约两个月)。如果可能,建议停用现场已满的污泥

(续表)

项目	重大传染病疫情期间采取的特殊措施(埃博拉病毒)
粪便、污泥	罐,并建造新的污泥罐,以避免污泥的高成本焚烧。如果无法现场停用,请确保污泥具有高 pH,以加速病毒的破坏,然后再考虑异地运输/消化/处理。消毒的常见方法和制剂包括次氯酸钠(NaOCl)、二氧化氯(ClO_2)、臭氧(O_3)和紫外线(UV)。 5. 在埃博拉护理中心/单位设计废水管理时,必须考虑场外替代处置和处理、与中心/单位的距离、地质和地形类型、水源距离、病毒载量、地点的可用性和适宜性以及病人数量、所需的工作人员和废物管理技术人员的数量等因素
其他说明	通过现场处置和焚烧,减少与处理和运输相关的风险和成本。固体废物管理指定区域应有控制进入,以防止动物、未经培训的人员或儿童进入

资料来源:European Union. Health emergency preparedness for imported cases of high-consequence infectious diseases. Operational checklist for country preparedness planning in the EU/EEA countries. https://www.ecdc.europa.eu/en/publications-data/health-emergency-preparedness-imported-cases-high-consequence-infectious-diseases.

该文件的固体废物管理内容参考了以下资料:United Nations Children's Fund (UNICEF). Ebola Virus Disease: Waste Management Guidance (2014-11-5)[2019-08-05]. https://www.unicef.org/supply/index_76045.html.

埃博拉感染性废物包括在检测、诊断、护理/治疗埃博拉病人、清洁相关场所等阶段产生的感染性的废物。欧盟的感染性废物管理办法强调了包装外侧的清洁以及尽量减少重新包装和处理,以降低工人暴露风险。要求所有废物的外包装容器均需满足防护及高压灭菌的要求,且包装容器的外侧需要进行消毒。运输过程中,要注意运输工人的防护,并防止废物容器倾覆;处理含有明显污染的血液、体液或其他潜在感染性物质的废物容器,需对运输工人增加额外的保护性个人防护设施。对得到完全处理和净化之前的废物进行处理(包括打开容器将废物装载到加工线或高压灭菌器或焚化炉中)的工人,需要提高个人防护装备的等级;对于重复使用的储存容器、清洁运输车辆的处理过程需参照特殊的处理要求。外运处置时,不使用破碎的方式进行处理,焚烧处理过程应为整体封闭,高压灭菌处理过程要确保处理温度及恒压时长,保证处理效果良好。在感染性废物全过程管理中,对不同作业阶段的工人要采取合适可靠的防护措施,且员工能正确使用各类防护装备。

患者使用过的床垫在焚烧前需喷洒 0.5%的氯溶液,在安全密封前,应将

0.5%的氯溶液浇注到垃圾袋顶部预处理消毒(可能发生反溅,注意保护眼睛),密封的废物袋均要喷洒 0.5%的氯溶液。任何未喷洒 0.5%的氯溶液的材料或废物不得离开患者房间或隔离/护理中心,并要求设置单独的废物管理及处置设施。运输过程要避免废物人工扛运。

就地处理时,放置在指定深度(例如 2 米)的坑中,并填充至 1～1.5 米的深度焚烧。每次燃烧后,应覆盖一层 10～15 厘米深的土壤。在设计废物填埋焚烧坑时,要综合考虑废物特点、地形水文条件及人群数量等因素,处置坑的深度以及填土厚度等需要满足相关要求。

对于粪便及污泥,要考虑场地空间以及地址,为不同使用人群(工人、医生、病人)分别建设临时厕所,排泄物排放前需在临时处理设施[(简单的废水处理单元/稳定池(和大容量污泥池)]内得到时间充足的处理,并采用加氯溶液以及调高 pH 值等方式消毒后方可排放。

2020 年 2 月出版的《2019-nCoV 患者在医疗保健环境中的护理感染预防和控制》与 3 月出版的《对可能受 SARS-CoV-2 污染的医疗保健和非卫生保健环境中环境的消毒》和《医疗环境中 COVID-19 的感染预防和控制—首次更新》均指出,按照世界卫生组织的《感染性物质运输条例指南》管理 COVID-19 相关感染性废物。

ECDC 在 2020 年 3 月 20 日发布了有关生活垃圾(或称:家庭废物)的管理建议①。建议病患在房间里应该有一个个人垃圾袋用于盛放用过的纸巾、口罩和其他废物,该垃圾袋应该归入未分类的垃圾。当看护人或清洁工离开时,看护人及清洁工使用的手套和口罩应放入病患房间门附近的第二个垃圾袋中。垃圾袋需经常更换,在从病患房间取出更换之前应保持封闭,不能倾倒至另一个袋子里。这些垃圾袋可以收集到一起,并放置在一个干净的一般垃圾袋中,病患垃圾袋封闭后可以直接放在未分类的垃圾中。无需特殊的收集或其他处置方法。处理垃圾袋后,应使用水和肥皂或酒精性洗手液严格洗手。

---

① Infection prevention and control in the household management of people with suspected or confirmed coronavirus disease (COVID-19) 2020.3.20. https://www.ecdc.europa.eu/en/publications-data/infection-prevention-control-household-management-covid-19.

ECDC在2020年5月20日发布了机场旅客废物管理指引①。要求在隔离COVID-19疑似病患后，应按照《EASA Interim guidance on Aircraft Cleaning and Disinfection》(飞机清洗和消毒指南)对飞机进行清洗和消毒。用过的个人防护用品，如围裙、口罩、面罩，应放在一个单独的密封垃圾袋中，作为一般废物处理。对于抵达和过境旅客，其用过的医用口罩应安全地丢弃在一个单独的密封垃圾袋中，作为一般废物处理。用过的口罩需妥善处置；在机场应考虑设置专用于收集废弃口罩的无接触式垃圾桶；飞机上应在每个乘客座位上提供一次性塑料袋，以便安全处置用过的口罩；所有垃圾袋应密封，并作为一般废物处理。

4.1.5 北美固体废物协会

北美固体废物协会(Solid Waste Association of North America, SWANA)是由公共和私营部门专业人员所组成的组织，在新冠肺炎大流行期间，SWANA一直在为市政和私营部门的废物处理和回收系统提供如何保护工人和公共健康的指导。与此同时，SWANA致力于回答如何管理废物处理和回收系统中工人的健康安全风险，以及公众如何帮助废物管理系统安全有效地继续运行。其对于COVID-19的固体废物管理建议[15]，主要针对人员的防护作出指导，对医疗废物的处理并没有过多的说明。SWANA认为，对疑似或已知含有新冠病毒或被新冠病毒污染的废物的管理要求，除了已经用于保护工作人员在日常固体废物和废水管理工作中的措施外，不需要采取特殊的预防措施。某些州、地方、部落和/或地区的卫生或环境部门可能对固体废物和废水的管理有不同的额外要求。

生活垃圾：可像处理其他任何未受病原体污染的生活垃圾(例如：产生于家庭、企业的垃圾)一样，处理潜在或已知被新冠病毒污染的生活垃圾。采用常规的工程和行政控制措施、安全的工作习惯和个人防护用品(例如防刺手套以及面部和眼睛防护装置)来防止工作人员直接接触废物，包括废物中的

---

① COVID-19 Aviation Health Safety Protocol: Guidance for the management of airline passengers in relation to the COVID-19 pandemic 2020.05.20. https://www.ecdc.europa.eu/en/publications-data/covid-19-aviation-health-safety-protocol.

任何污染物。此类措施可以保护工人免受尖锐物和其他物品的伤害，因为这些物品可能会导致受伤或接触感染性物质。

医疗废物：对于潜在或已知被新冠病毒污染的医疗废物，应像其他受管制医疗废物一样进行管理。COVID-19 不是 A 类感染性物质。防护措施同生活垃圾。有关管制医疗废物的信息，请参阅美国疾控中心《医疗机构环境感染控制指南》(2003)中的管制医疗废物信息。

回收利用：与生活垃圾一样，回收行业的企业和工作人员可继续采用常规的工程和行政控制、安全的工作惯例以及个人防护用品(例如防刺手套和面部和眼睛防护用品)，以防止工作人员直接接触他们管理的可回收材料，包括材料中的任何污染物。

废水：在医疗机构中，冠状病毒易受与其他病毒相同的消毒条件的影响，因此，目前污水处理设施中的消毒条件已足够。包括操作条件，例如用次氯酸盐(即氯漂白剂)和过乙酸氧化，以及通过使用紫外线照射而灭活。

对经营者进行员工管理的建议：积极鼓励生病的员工居家；隔离生病的员工；强调生病的员工居家时，采取正确的咳嗽和打喷嚏方式，保持手部清洁；对工作场所进行例行的环境清洁；在员工出差前，给予有关 COVID-19 的建议。

没有证据表明，涉及废水管理运营的员工(包括废水处理设施的员工)需要额外的针对 COVID-19 的保护。废水处理厂的运营应确保工人遵循常规要求以避免直接接触废水，包括在处理未经处理的废水时采用工程和行政控制措施、安全的工作惯例以及通常需要的个人防护用品。

4.2　代表性国家

4.2.1　美国

美国对感染性废物的要求最为详尽。针对国土安全事件产生的废物管理，美国提供了明确的决策图(图 4-1)以针对发生国土安全事件(Homeland Security Incident)后的废物管理，并从中恢复，例如，涉及化学、生物或放射剂

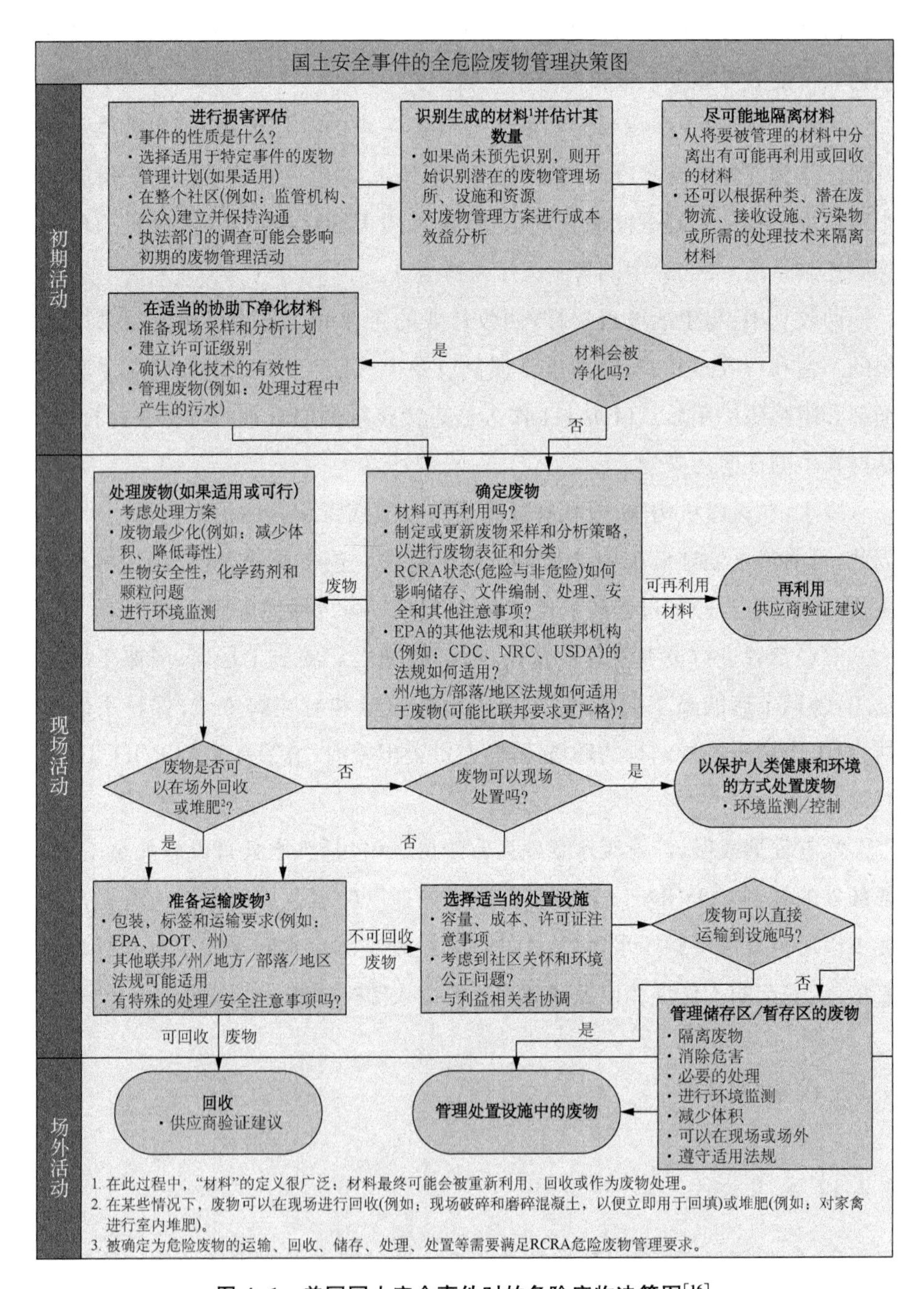

图 4-1　美国国土安全事件时的危险废物决策图[16]

的恐怖主义行为，大规模自然灾害和动物疾病暴发等突发国家公共卫生或环境事件。事件本身会立即产生废物，并在废物的性质分析、无害化和处置过程中持续产生衍生废物。针对废物的来源、数量和类型进行高效管理，可以使事件后的恢复更迅速且成本更低。

因此，废物管理决策图旨在帮助公共部门和私营企业的应急计划制订者和管理者，在国土安全事件发生后进行废物管理决策，包括：做出与废物管理决策相关的注意事项，明确事件发生前应制订废物管理计划的领域（部门）。决策图分为三个阶段——初期活动、现场活动和场外活动，通常在事件发生期间做出废物管理决策（该图仅供参考）。此外，一些步骤在事件期间可能同时发生，也可能以不同的顺序发生。响应措施的制定应考虑这些差异。在事件发生之前，制定废物管理预案是非常重要的，包括废物的分类、取样、性质表征、包装、运输、再利用、回收、处理和处置。预案制定有助于事件响应期间的决策过程，协助执行此图中的步骤。关于预案制定的更多信息，可参见美国环保部的《事前全危险废物管理计划指南：四步废物管理计划过程》[①]。如果发生联邦紧急情况或重大灾难声明，则可查看联邦紧急事务管理署（FEMA）的公共援助计划和政策指南[②]。

废物管理要求应适用于不同种类的废物。例如，《资源保护与回收法》（RCRA）规定的无害固体废物以及 RCRA 范围之外的废物可采取与 RCRA 危险废物不同的管理。所有的废物也都可以按照更严格的危险废物管理要求进行管理。此外，各州对废物的管理要求可能比联邦法规更严格。对于许多不同类型的废物，包括危险废物，都有潜在再利用和回收价值。在考虑其他废物处置方案（例如，垃圾填埋）前，应先考虑合理的再利用和回收方案（如果适用），以帮助减轻事件对环境和经济的影响。除非明确排除在法规之外，危险废物的回收或再利用仍然需要满足 RCRA 危险废物管理要求。

2019 年 8 月，美国联邦政府发布了《A 类感染性物质污染的固体废物管理》（*Managing Solid Waste Contaminated with a Category A Infectious*

① https://www.epa.gov/homeland-security-waste.

② https://www.fema.gov/medialibrary/assets/documents/111781.

Substance)，将能够对其他健康的人或动物造成永久性残疾或生命威胁的感染性物质定义为A类物质，并将受A类感染性物质污染的物品称为A类废物。该管理指南旨在帮助国家高效管理与传染病事件有关的A类废物，提高对感染性物质的安全管理认识，重点管理影响人类健康的A类感染性物质。见表4-6。该管理指南也涉及A类废物管理计划的考虑因素和与其相关的政府职责，评估在A类废物全生命周期内，参与废物管理人员的健康与安全。该指南以及加利福尼亚州与得克萨斯州的管理要求中认为，A类废物经过处理后，其产物和副产物(灰渣等)不再具有感染性，不被认为是A类废物，可采用一般固体废物管理方式管理。来自其他医疗机构或实验室的废物，如果不属于A类废物，可划分为管制医疗废物。

A类废物管理的不同层面是由不同的机构负责，主要包括美国交通部、美国劳工部/职业安全与健康管理局、美国环境保护局和美国卫生和公共服务部。此外，A类废物的管理也应遵守州、地方、地区和部落的环境健康法规。医院、医疗机构、实验室和其他机构的A类废物管理计划通常包括：①源头减少A类废物的产生，制定废物管理预案；②尽可能在A类废物产生源头附近进行废物包装；③将A类废物从产生源头转移到机构内安全存放区域；④制定清理泄露物方案；⑤就地处理A类废物；⑥确定A类废物异地处理的运输路线；⑦与地方健康机构合作管理辖区环境中的A类废物；⑧考虑保护A类废物管理人员的健康安全；⑨实施A类废物管理计划；⑩及时审查和更新A类废物管理计划等。

4.2.2 德国

德国针对医疗废物及疫情期间固体废物的相关管理办法如表4-7所列。根据联邦2001年12月10日发布《废物清单条例》(Abfallverzeichnis-Verordnung, AVV)中对于医疗废物分类的相关条例，来自医疗或兽医护理和研究的废物(不包括非直接护理产生的厨房和餐厅废物)可分为以下几类：①尖锐的物体；②身体部位和器官废物；③感染性废物；④在收集处置方面没有特殊要求的一般性医疗废物；⑤由危险物质组成或含有危险物质的化学物质的废物，可具体分为危险物质和非危险物质；⑥医疗过程中使用的药品，可

表 4-6　美国医疗废物及疫情期间固体废物相关管理办法

项目	医疗废物	有关感染性废物的特别要求	重大传染病疫情期间采取的特殊措施
			埃博拉/MERSE/COVID-19
源头减量	被A类感染性物质污染的废物简称A类废物。A类感染性物质可对健康的人或动物引起永久性残疾或危及生命的疾病。减少A类废物的产生量。将A类废物与其他固体废物进行物理分离	1. 源头减量可降低包装和运输成本，并最大程度地提高环境效益。应该制定收集预案或在事故发生之后立即制定收集策略，根据污染物材料类型或管理要求对废物进行分类。 2. 进行初步清洁：①减少可能存在的受污染物品/材料；②去除可能妨碍后续清洁消毒过程的物品/材料；③在后续清洁消毒过程之前减少高浓度污染物。 3. 限制参与减少源头工作的人员数量。 4. 使用包含 HEPA 过滤器的系统对表面进行真空处理。HEPA 过滤器中捕获的碎屑必须用双袋包装和消毒。 5. 如果存在已知的可沉降生化试剂（例如炭疽杆菌或生物毒素气溶胶），通过雾化法使用抑制剂，减少径流水，降低空气中的浓度以及再次雾化传播的可能性	限制在废物投放和收集前后进入埃博拉病人护理区的人员数量和处理废物的人员数量。（埃博拉）
源头分类	尽可能地分类医疗材料。从将要被管理的医疗材料中分离出有可能再利用或回收的材料；还可以根据种类、潜在废物流、接收设施、污染物或所需的处理技术来分类材料	1. 必要类（艺术品、必要的计算机数据、重要的医疗设备、重要文件等）。 2. 非必要类（现场杂物、妨碍后续清洁消毒过程的物品、低价物、开封的食品、暴露的易腐物品）	将所有用过的手套、工作服、口罩和其他受污染的物品放在有衬垫的容器中，然后与其他生活垃圾一起处理。处理完这些物品后，请立即洗手。（MERSE） 得克萨斯州：与季节性流感患者产生的医疗废物一样，COVID-19 医疗废物应作为管制医疗废物处理（49 CFR 173.134 和 30 TAC 第 326 章，B 章）。包括：源自人类或动物治疗过程的废物和可重复利用的

（续表）

项目	医疗废物	有关感染性废物的特别要求	重大传染病疫情期间采取的特殊措施
			埃博拉/MERSE/COVID-19
源头分类			材料（包括诊断和免疫材料）；来自生物医学研究的废物（包括生物产品的生产和测试，例如沾染血液和体液的一次性材料、实验室标本和锐器等）。(COVID-19) 劳工部：与生活垃圾一样，回收行业的经营者和工人应继续使用常规的工程和行政控制措施、安全的工作规程以及个人防护装备（例如：防刺手套、面部和眼睛防护用品），以防止工人接触到沾染污染物的可回收材料。(COVID-19)
包装	正确使用废物包装材料。尽可能在A类废物产生源头的附近进行废物包装。一旦完成废物包装，应避免再次打开存储容器	正确穿戴和使用适当的个人防护用品。小心穿脱个人防护用品，避免自我传染。 1. 三层包装：①防水主容器；②水密辅助包装；③硬质外包装。 2. 锋利的废物应放置在专业容器中，并根据该容器的包装说明将其密封。 3. 将废物放在第一层包装中后，通过打结、热封、胶带、胶粘剂等方式将塑料膜袋绑紧，以免撕裂或刺破外部袋子或衬里，确保液体不会从包装中泄漏。 4. 用适当的药剂对塑料袋外表面消毒。 5. 将第一个塑料薄膜袋（结朝上）放入第二个塑料薄膜袋中，按照同样的方法密封第二个塑料袋，确保主袋不会干扰第二个袋的密封。	针对埃博拉疫情： 1. 废物的安全控制和包装应尽可能靠近产生点进行。工作人员应避免在收容后打开容器来处理废物。 2. 带有防漏标签的生物危害包装袋：薄膜袋的最小薄膜厚度必须为0.0015英寸，最大包装容量为175 L。 3. 酒精基洗手液，酒精含量至少为60%。 4. 外包装必须是经过联合国或美国运输部批准的非散装包装。如果外包装是用纤维板制成的，则必须至少是三层壁，并包含0.15毫米的聚乙烯衬垫。 5. 应使用供应商提供的已预置衬垫包装废物。 6. 足以吸收潜在自由液体（如果有）的吸收材料应放在硬质外包装的底部或纤维板外包装的衬垫中。 7. 将不锋利的固体废物放入生物危害袋中。袋子的装填量不得超过三分之二，以确保安全密封。

（续表）

项目	医疗废物	有关感染性废物的特别要求	重大传染病疫情期间采取的特殊措施
			埃博拉/MERSE/COVID-19
包装		6. 再次消毒。 7. 进行外包装，外包装由刚性 UN 标准或 DOT 批准的非散装包装制成（如果外包装是由纤维板制成，则必须最少三层壁并且装有 0.15 毫米聚乙烯塑料衬里）。最大包装容积 55 加仑（约 208 L）。 8. 对于大件物品，应使用两层塑料片将物品包装起来。 9. 再次消毒，贴标	8. 锋利的废料放置在一次性锐器容器中，然后关闭容器。容器的装填量不得超过三分之二，以确保安全密封。 9. 将密封的利器容器放在生物危害性袋中。 10. 用不会撕裂或刺破袋子的方法来密封袋子，并确保没有泄漏。 11. 在包装袋外表擦拭/喷涂消毒液。 12. 将已擦拭/喷涂消毒液的密闭袋放入第二个生物危害袋中。 13. 将已消毒的密闭袋存放在指定区域以等待取出。 针对 COVID-19 疫情： 加利福尼亚州：来自 COVID-19 患者的废物被作为常规医疗废物（Regular medical waste，RMW）处理。有关加利福尼亚州的法规，请参考 Medical Waste Management Act (MWMA)。CDC 在《医疗机构的环境感染控制指南》(2003)指出，RMW 的管理应按照常规程序进行，因为它并未涉及包括 COVID-19 在内的严重急性呼吸综合症冠状病毒（SARS-CoV）的传播。 得克萨斯州：TCEQ 建议使用硬质容器以避免破损，同时应尽可能使用一次性容器。 有关包装和标签要求的特定详细信息，请参见 30 TAC 第 326.17-21 章。未处理的医疗废物通常在冷藏厢式货车中运输。 科罗拉多州：所有来自家庭和医院的不可回收废物都应装袋并捆扎好，然后再放入垃圾箱

（续表）

项目	医疗废物	有关感染性废物的特别要求	重大传染病疫情期间采取的特殊措施
			埃博拉/MERSE/COVID-19
贮存	将A类废物从产生源头转移到安全存放区域。使用有盖的手推车、垃圾桶或其他防漏容器，以确保没有跑冒滴漏。转移之前，需对所有废物容器的外表面进行消毒。转移过程应避免高人流区域或通过特定区域。如果可能，应使用指定的电梯，例如货运电梯。 确定存放A类废物的容器。单独划分A类废物存放区域，将包含有A类废物的容器放置在不渗透/无孔的表面上（即没有地毯和缝隙的地板），并考虑溢出、天气、腐蚀、害虫侵扰和盗窃等不利影响。存放区域应充分容纳运输间隔中产生的废物量	危险废物在处理或处置之前必须存储在符合RCRA规定的容器、储罐、安全壳建筑物、滴水垫、废物堆或蓄水池中	针对埃博拉：按照A类废物执行。 针对COVID-19： 加利福尼亚洲：所有用于异地运输的容器均应获得美国运输部（USDOT）批准。制药废物也应按照美国药物管制局（DEA）的要求进行运输。USDOT有害物质法规（HMR）49联邦法规173.197中列出了RMW和B类感染性物质。根据法规，对于此废物，没有任何其他特殊包装或标记的要求

（续表）

项目	医疗废物	有关感染性废物的特别要求	重大传染病疫情期间采取的特殊措施
			埃博拉/MERSE/COVID-19
运输	确定 A 类废物异地处理的运输路线。废物产生设施应有应急计划，例如在运输过程中交通基础设施受到损害或特定供应商无法立即提供运输服务。 废物处理方法和责任： 1. 明确行政区域内运输和行政区域外运输的法律要求 2. 了解有害物质豁免法规 3. 遵守 A 类废物的包装、标记和运输要求	1. 用消毒剂溶液定期清洗车辆。 2. 需要评估在运输过程中可能发生的由司机带入的污染风险。 3. 在可能的情况下，用无孔、易于清洁的零件替换难以清洁的多孔车辆零件。 4. 通过用适合的更高效率的空气过滤器来提高舱内过滤效果。 5. 用塑料覆盖不可更换的多孔零件、工具和车辆零件（例如，座垫、电子零件），以最大程度减少后续清洁消毒的需求	针对埃博拉： 按照 A 类废物执行。 针对 COVID-19： 加利福尼亚州：设施的运营和后勤因医疗保健设施类型而异，要求每个设施制定医疗废物管理计划。该计划旨在满足每个设施的需求，同时遵守 MWMA 的规定。每个计划都应包括将废物从其产生的地点运输到临时储藏室，最后到指定堆积区的程序。然后，从该区域将废物进行现场处理或准备好运往异地进行处理。 运输被 COVID-19 污染的 RMW 不需要美国运输部（USDOT）签发的特殊许可证。 得克萨斯州：受管制的医疗废物可与其他医疗废物一起运输。卫生保健设施和医疗废物产生者，通常应在刚性废物容器中使用标准医疗废物塑料袋（红色）。废物容器应贴有正确的标签，以将其区分为医疗废物。标签应反映名称、地址和装运日期（USDOT 和 OSHA 的标签要求同样适用）。得克萨斯州拥有 100 家经授权的受管制医疗废物运输者
就地处理	如果废物不可现场处置，则应准备运输废物到最终处置设施。 最终处置的信息和责任：	1. 就地处理时，应选用适当的覆盖材料来形成隔离屏障。 2. 用密封胶和胶带提供气密密封并覆盖接缝和钉子。	针对埃博拉： 1. 在现场灭活之前，需始终佩戴个人防护设备，直到废物已现场灭活或运离医院。 2. 现场高压灭菌，应在容器中添加足够的水。

（续表）

项目	医疗废物	有关感染性废物的特别要求	重大传染病疫情期间采取的特殊措施
			埃博拉/MERSE/COVID-19
就地处理	1. 高压灭菌 2. 焚烧 3. 化学消毒 4. 提供员工培训和个人防护设备 5. 划分废物存放区域	3. 尽可能减少空间分隔需要使用的材料。 4. 防止就地处理时的二次污染、雨水径流等流入未受污染的区域	3. 非现场灭活，不应注入液体。 针对 COVID-19： 加利福尼亚州：对医疗废物进行处理或净化，减少废物中的微生物，以确保产物可用于进一步处理和处置。处理方法可能包括高压灭菌、焚烧、化学消毒、研磨/切碎/消毒方法以及热化学处理技术（例如微波电波处理）。 如果无法进行现场处理，或者医疗机构选择不在现场处理废物，则应将废物适当包装，以外运（请参见上面的运输部分）至允许的医疗废物转运站和/或处理设施处置。 得克萨斯州：可以像其他医疗废物一样，使用蒸汽消毒（高压灭菌）、焚烧或其他方法（例如，使用化学药品）处理受管制的医疗废物。 可以由在原位、移动式处理单元或异地处理设施中处理医疗废物。 得克萨斯州拥有 15 个授权的受监管的医疗废物处理设施，以及 3 个移动式现场处理装置。 劳工部：工人和经营者应像处理其他任何未污染的生活垃圾一样，处理具有潜在或已知的被 SARS-CoV-2 污染的城市固体废物（例如家庭，企业）。对于具有潜在或已知 SARS-CoV-2 污染的医疗废物，应像其他受管制的医疗废物一样进行管理。SARS-CoV-2 不是 A 类感染性物质。 科罗拉多州：医疗机构应继续按照医疗废物管理程序处理感染性废物

（续表）

项目	医疗废物	有关感染性废物的特别要求	重大传染病疫情期间采取的特殊措施 埃博拉/MERSE/COVID-19
外运处置	如果废物不能就地处理，则应准备运输废物到最终处置设施。 注意事项： 1. 完全灭活的 A 类废物可视为城市固体废物进行处理。 2. 适当灭活的 A 类废物应选定合适的处置设施，且确保处置设施正确接收并处置了废物。 3. 尚未灭活的 A 类废物应采用高压灭菌和焚烧的方法，完成最终处置。 4. 处理过程中的残渣，也需进行处置	使用焚化或氧化等各种工艺来进行处理，而后进行填埋处置。 1. 处理处置设施应有空间完成进一步分类、分选。 2. 确定临时存储时应该考虑，抵御天气、虫害和侵入者的干扰。 3. 具有适当的处理能力。 4. 选择合适的处理工艺技术。 5. 配备安全设备和规程。 6. 员工培训与个人防护。 7. 制定紧急情况关机程序。 8. 拥有确定的最终处置场所	针对埃博拉： 1. 从病人房间中取出双重装袋的废物后，医护人员应将双重装袋的废物放置在指定的运输车中。 2. 从护理区移走废物的环境服务人员应仅处理外部容器/运输车，切勿打开容器或处理双重袋装废物。 针对 COVID-19： 加利福尼亚州：医疗废物可以送至授权的转运站和异地处理设施（TSOST）进行处理。 可在“医疗废物管理计划”网站上找到加州允许的 TSOST 清单。 如果将废物运出加利福尼亚州进行处理，应联系接收地，以了解其对医疗废物（特别是被 SARS-CoV-2 污染的医疗废物）的处理要求。 废物一旦被授权的医疗废物设施有效处理，该废物将不再被视为医疗废物，可以作为一般固体废物进行管理。处理设施应与填埋场协调，以最终处置废物。 得克萨斯州：受管制的 COVID-19 医疗废物经过处理后，可以作为常规的城市固体废物进行管理，并放入 I 类或 IAE 类城市固体废物填埋场。 科罗拉多州：所有来自家庭和医院的不可回收废物都应运输到允许接受城市固体废物的固体废物填埋场处置

（续表）

项目	医疗废物	有关感染性废物的特别要求	重大传染病疫情期间采取的特殊措施
			埃博拉/MERSE/COVID-19
居民或社会性医疗保健废物的要求	管理居住环境中的废物。地方健康机构应要求具有资质的公司对环境消毒，并将A类废物从患者家中安全运至医院	发生国家重大安全事故时，现有生活垃圾处理处置设施可能拒绝接受感染性废物。因此，必须制定预案。确定若干个备选的感染性废物处理设施。在大规模事件中可能需要使用多个感染性废物处理处置设施。感染性废物最终处置设施可能拒绝接受废物，因此需要预先选定其他备用最终处置设施	针对埃博拉： 1. 患者仅发烧，无呕吐、腹泻及出血症状，此时家中清洁由居民自己完成。居民可以正常使用消毒剂和清洁剂。 2. 患者有发烧、腹泻、呕吐和出血，此时居民家中应由专业公司清洁，住所成员或财产所有人不得处理受污染的物品，不得触碰体液。 针对 COVID-19： 将所有使用过的一次性手套、口罩和其他污染物品放入带有塑料袋的容器中，然后再将其放入其他生活垃圾中
粪便、污泥	污水收集、密封和储存 1. 咨询专业机构来制定该部分的预案。 2. 防止大量的污泥进入市政污水管网。 3. 防止受生化污染的废水进入辅助区域。 4. 明确所有排水的布置走向与连接点。 5. 日常维护各类排水渠道出口正常运作。 6. 依据安全防护规定，分区存放化学品		针对 COVID-19： 劳工部：认为在医疗机构中，冠状病毒与其他病毒所需消毒条件类似。因此，目前的污水处理设施中消毒条件已足够

（续表）

项目	医疗废物	有关感染性废物的特别要求	重大传染病疫情期间采取的特殊措施
			埃博拉/MERSE/COVID-19
粪便、污泥	受生化污染的污水处理 1. 制定处理预案时，充分考虑城市生活污水厂处理能力。 2. 防止管道、阀门、泵等泄漏。 3. 依据污染物性质选择处理工艺、参数。 4. 建议采用物化组合处理工艺。 5. 明确需要在线监测的水质指标。 6. 污水处理运行参数需依据个案调节。 7. 污水处理过程需始终监测消毒剂浓度		
其他说明			针对埃博拉： 1. 确保保洁人员穿戴推荐的个人防护设备，防止皮肤和黏膜在环境清洁和消毒过程中直接接触到清洁化学品和污染物等。 2. 使用美国环境保护署注册的针对非包膜病毒（诺如病毒，轮状病毒，腺病毒、脊髓灰质炎病毒）的医用消毒液。

（续表）

项目	医疗废物	有关感染性废物的特别要求	重大传染病疫情期间采取的特殊措施
			埃博拉/MERSE/COVID-19
其他说明			3. 避免可重复使用物品的多孔表面受到污染。 4. 定期对个人防护装备更换区域进行清洁和消毒。 5. 减少人员在洗涤时接触到可能被污染的纺织品（布产品）。 6. 被感染性物质污染的物品进行异地处置时，执行A类废物标准。 针对COVID-19： 加利福尼亚州：OSHA的控制和预防中提供了明确的医疗保健专业人员保护准则。此外，疾病预防控制中心（CDC）还建议，为防止感染，管理规则和工程控制、环境卫生、正确的工作习惯以及正确使用个人防护用品都是必要的。 得克萨斯州：药房的COVID-19医疗废物管理。 在没有另行通知之前，TCEQ将适用于所有提供COVID-19测试的药房，并使用受认可的处理方法现场处理。 产生COVID-19废物的药房行使执法自由裁量权。这些药房必须按照《得克萨斯州行政法规30》（TAC）第326.39(b)和326.41(b)节的规定保存处理记录。此外，医疗废物一经处理，就可以按照TAC 30条326.39(c)和326.41(c)的规定，作为常规的城市固体废物进行处理。 劳工部：OSHA为有职业性接触SARS-CoV-2风险的固体废物和废水管理工作者和经营者提供临时指南

（续表）

项目	医疗废物	有关感染性废物的特别要求	重大传染病疫情期间采取的特殊措施
			埃博拉/MERSE/COVID-19
资料来源	① 美国国家安全委员会：被A类感染性物质污染废物的管理方法 ② All-hazards Waste Management Decision Diagram. pdf. https://www. epa. gov/homeland-security-waste/all-hazards-waste-management-decision-diagram. ③ Best Practices for Management of Biocontaminated Waste. pdf 网址：www. epa. gov/homeland-security-research	① Planning Guidance for Recovery Following Biological Incidents (DRAFT)，2009. ② Best Practices for Management of Biocontaminated Waste；https://www. epa. gov/homeland-security-research	① Interim Guidance for U.S. Residence Decontamination for Ebola and Removal of Contaminated Waste. https://www. cdc. gov/vhf/ebola/prevention/cleaning-us-homes. html. ② Interim Guidance for Environmental Infection Control in Hospitals for Ebola Virus. https://www. cdc. gov/vhf/ebola/clinicians/cleaning/hospitals. html. ③ Procedures for Safe Handling and Management of Ebola-Associated Waste. https://www. cdc. gov/vhf/ebola/clinicians/cleaning/handling-waste. html. ④ Preventing MERS-CoV from Spreading to Others in Homes and Communities. https://www. cdc. gov/coronavirus/mers/hcp/home-care-patient. html. ⑤ 预防冠状病毒疾病 2019（COVID-19）在家庭和住宅社区中传播的暂行指南. https://www. cdc. gov/coronavirus/2019-ncov/hcp/guidance-prevent-spread-chinese. html. ⑥ 加利福尼亚州：https://www. cdph. ca. gov/Programs/CID/DCDC/Pages/COVID - 19/Medical-WasteManagementInterimGuidelines. aspx. ⑦ 得克萨斯州：https://www. tceq. texas. gov/response/covid-19/waste-disposal-guidance. ⑧ 劳工部：https://www. osha. gov/SLTC/covid-19/controlprevention. html#travelers. ⑨ 科罗拉多州：https://www. colorado. gov/pacific/cdphe/impacts-covid-19-solid-waste-management

表 4-7 德国医疗废物及疫情期间固体废物相关管理办法

项目	医疗废物	有关感染性废物的特别要求	重大传染病疫情期间采取的特殊措施(埃博拉)
源头减量	1. 医疗机构应优先选择和使用符合卫生要求的,可重复使用的材料,以减少其废弃。 2. 无法减量的废物必须尽可能地有效回收。应将可回收材料与医疗废物和其他残余废物分开存放		
源头分类	特殊医疗废物应在医疗机构根据废物类别分别收集。废物清单条例(AVV)将来自医疗/兽医护理和研究中产生的废物(不包括非直接护理产生的厨房和餐厅废物)进行如下分类: 1. AS 18 01 01:尖锐的物体(如套管,手术刀之类的废物以及类似的具有割伤或刺伤危险的物体)。 2. AS 18 01 02:身体部位和器官废物,包括装有血袋或液体血液制品的容器。 3. AS 18 01 04:从预防感染的角度来看,没有对其外部卫生保健设施的收集和处置提出特殊要求的废物(例如石膏绷带,衣物,一次性衣服,尿布)。 4. 由危险物质组成或含有危险化学物质的废物,可具体分为危险物质 AS 18 01 06 *(酸、碱、有机试剂等)和非危险物质 AS 18 01 07。	AS 18 03 * :感染性废物是具有“感染性”特性的废物,包含已显示或有可能导致生物疾病的活微生物或其毒素。感染性废物包括患有感染性疾病患者在诊断、治疗和护理中产生的,被含病原体的血液/血清、排泄物或分泌物污染的废物,并包含相应疾病患者的身体部位和器官。	

（续表）

项目	医疗废物	有关感染性废物的特别要求	重大传染病疫情期间采取的特殊措施（埃博拉）
	5. 医疗过程中使用的药品，可细分为危险药品 AS 18 01 08 *（细胞毒性和细胞抑制药）和非危险药品 AS 18 01 09。 6. AS 18 01 10：牙科用汞合金废物		
包装	1. 医院，慈善机构，食堂和自由职业者与各自的制造商、分销商和市政当局达成协议后可以使用生活垃圾包装系统和纸张收集系统。 自 2015 年 1 月 1 日起，产生废物的地点（例如医院或疗养院）在处置所产生的医疗废物前必须预先书面确认此类医疗废物的处理处置已整合到相关的废物收集处置行业中。 2. 来自医疗实践等的生物废物通过生活垃圾生物废物收集系统进行处理。 3. 医院的厨房和食物垃圾通常在沼气厂中处理回收。切花、水果废料等少量累积在医院厨房外的废物，也应与需要特殊处理的治疗残留废物分开收集处理	1. 传染病人使用过的针头和注射器，以及用套管包装好的血液应收集在市售的注射器或套管容器中。 2. 将收集容器与残余废物一起包装在塑料袋中，然后打结放入废物箱。此类废物必须在其堆积时就立即收集在防撕裂、防潮和密封的容器中（例如，经过型式检验的危险品包装容器）	UN 2814（影响人类的感染性物质）废物收集容器，如图 4-2 所示。 1. 主容器 ● 主容器为用于收集 UN 3291（感染性医疗废物）的，塑料制成的 1H2 桶（鼓/筒，铝制，可拆卸的开盖，中低危险等级）。 ● 质量：Ⅱ类包装（经过液体或固体物质测试）。 ● 在填充废物前应在主容器中装有聚乙烯塑料袋作为初级包装（厚度不小于 75 μm，最好 100 μm）。 ● 填满废物后，用扎线带将塑料袋紧紧合上。 ● 手术刀，套管等尖锐物品应合理包装以免刺破内部塑料袋。 ● 容器底部铺有足够的吸收材料来吸收逸出的液体。 ● 表面消毒（擦拭/喷雾）。
贮存	1. 必须根据处置要求（防潮，可安全关闭）选择合适的收集容器（如防撕裂、防刺穿、液密），并明确识别废物和有害物质，建议通过特殊的颜色突出显示容器，其中的容器需要特殊处理。	特殊医疗废物的中央收集点设计：（1）凉爽的房间（或地窖，无阳光直射），并且不应被人员频繁使用；（2）合理的通风，减轻气味形成和灰尘堆积；（3）必要时可以对表面进行消毒；（4）应设有手部消毒或手部清洁设施。	

（续表）

项目	医疗废物	有关感染性废物的特别要求	重大传染病疫情期间采取的特殊措施（埃博拉）
贮存	2. 容器中有大量液体时可以通过使用合适的吸收材料来确保在废物的储存和运输过程中不会释放任何液体废物	收集频率：应定期（至少每周一次）从中央收集点移走废物以进行处置。废物的收集频率还取决于数量。出于安全原因，气密容器（例如用于感染性废物的容器）不应二次开启。 储存温度和时间：储存废物时应避免在收集容器中形成气体（例如，存储温度低于15℃，存储时间最多为一周）。如果存储温度低于8℃，可以协商延长存储时间。如果无法维持必要的存储条件，则必须提供更短的收运频率和/或将主动冷却设置为大约15℃	2. 次级包装 ● 二级包装：液密塑料袋（最好100 μm，至少75 μm）。 ● 用吸收性材料将主容器包装在次级包装中。 ● 最好用两个扎带牢固地固定塑料袋。 3. 外包装 用足够的缓冲材料将次级包装包装在外包装中
运输	在原产地分类收集废物并运输到集中存储和转运点（中转站）。运输过程中必须避免粉尘和气溶胶的形成以及对环境的污染	收运频率：特殊医疗废物应以较低的收集频率（一周）从收集点（如医院）运输到中央收集点。 对于感染性废物和细胞抑制剂废物，应设置适当收集频率，必要时可显著缩短收集间隔时间或立即收集。 运输过程中容器应始终密闭，避免阳光直射	移交给承运人（合格的危险品服务提供者）时应检查以下文件： 1. 附有照片的身份证明和签约公司的隶属关系，检查托收授权书（检查带有名称/转储单的订单）。 2. 提供欧洲危险品运输公约证书（6.2级培训证书，有效期内）。 3. 驾驶执照（有效期内）。 4. 车辆文件和车辆正式登记号。 其他： ● 没有容器堆叠。 ● 检查车辆负载是否牢固（容器固定在车辆上，以防止其打滑等）。 ● 防止第三方进入装载区域（关闭装载区域，货箱结构完整，没有篷布）

（续表）

项目	医疗废物	有关感染性废物的特别要求	重大传染病疫情期间采取的特殊措施（埃博拉）
就地处理	废物在收集容器中必须进行安全包装，直到转移到用于处理废物的容器中为止。即使已经消毒，也不允许打开收集容器进行材料回收利用。在任何情况下，都必须从全程序角度确保接触者的职业安全，消除与血液污染有关的所有健康风险，之后才允许进行压缩	灭菌/消毒预处理：可通过蒸汽、化学处理、电离、微波或其他方法对感染性废物进行预处理。使用灭菌/消毒设备时，应证明或确认灭菌或消毒过程的有效性，并定期检查和进行适当的过程记录。 原则上，灭菌或消毒后的医疗废物仍是危险废物。但以下物质在处理后不再被视为特殊废物：(1)进一步的灭菌/消毒过程中产生的废物，此种废物基本上是干燥、稳定的，且无令人恶心的气味(例如颗粒状废物)；(2)塑料易耗品废物，例如一次性手套、塑料制成的移液器吸头、明胶、培养皿、琼脂板(不属于 AS 18 01 01 尖锐物品)，具有令人恶心的强烈气味或出于社会道德原因需要单独处置。这些废物可被归类为无问题的医疗废物，其组成与生活垃圾相当，收集在适当的包装中，可与生活垃圾一起处理。 病毒感染性废物：病毒与常规病原体的不同之处在于，无法通过许多常见的消毒或灭菌方法对其充分灭活。因此即使使用灭菌/消毒进行了预处理，感染病毒的废物(例如活体检测后的一次性器械，病毒研究中污染的动物废物)仍应归入感染性废物	

（续表）

项目	医疗废物	有关感染性废物的特别要求	重大传染病疫情期间采取的特殊措施（埃博拉）
外运处置	一般医疗废物应在原产地分类记录，不经任何外部预处理（分选、筛分、压碎等）送往经批准的焚化炉直接焚化，或在允许垃圾填埋场的情况下送到垃圾填埋场。不得事先与生活垃圾混合进行处理。 通常，医疗废物通过料斗直接送入废物焚化厂的燃烧室，但不得将感染性废物、液态医疗废物直接通过料斗送入燃烧室	装运时需要使用危险品法允许的特殊容器，然后在关闭的状态下进行燃烧处置。 特殊医疗废物必须在废物焚烧厂或特殊废物焚烧厂进行处置。燃烧危险医疗废物的焚烧炉需要持有接收许可证，设施必须符合《清洁空气条例》（焚烧市政废物和特殊废物的设施）的要求，并且必须得到执法机构的认可和控制	
粪便、污泥		患有如霍乱、痢疾、HUS（肠溶性尿毒症综合征）、伤寒/副伤寒、活动性肺结核等通过粪便传播传染病的患者，在治疗和护理中产生的排泄物或分泌物也应按照感染性废物收集处理	
资料来源	①②③	①②③	④

资料来源：① 医疗机构废物正确处理指南. https://www.bmu.de/fileadmin/bmuimport/files/pdfs/allgemein/application/pdf/abfallentsorgung_richtlinie_laga.pdf.

② 德国医疗设施和私人护理产生的废物管理. https://www.abfallratgeber.bayern.de/publikationen/entsorgung_einzelner_abfallarten/doc/medizinische_abfaelle.pdf.

③ Disposal of medical waste 2004. 医疗废物的处置. 联邦环境局发布，森林与景观局办公室出版.

④ UN 2814（埃博拉）关于根据多边协议 M 315 进行感染性运输废物包装以及其他处理的指南. https://www.rki.de/DE/Content/InfAZ/E/Ebola/Muster_Verpackungsanleitung.pdf;jsessionid=F1DF0167EC25BFDC14308B288786C8F9.2_cid298?__blob=publicationFile.

细分为危险药品和非危险药品；⑦牙科用汞合金废物。其中感染性废物被定义为具有“感染性”特性的废物，包含已显示或有可能导致生物疾病的活微生物或其毒素，其源头分类、包装、贮存、运输和处理处置都与一般性医疗废物有所区分。

根据 2004 年联邦环境局发布的《医疗废物的处置》(*Abfall Entsorgung von medizinischen Abfällen*)中描述的医疗废物的无害环境管理办法，在收集处置没有特殊要求的一般性医疗废物时，通常禁止对其进行回收利用，应在原产地分类收集，并运输到集中存储点或转移点储存，在这个过程中不得对废物进行重新装填或分类。处理处置此类医疗废物时不得将其与生活垃圾混合，然后应不经任何外部预处理送往经批准的焚烧炉直接焚烧，或在允许填埋的情况下送到垃圾填埋场进行填埋处置。

特殊医疗废物(如感染性废物、尖锐物废物、危险药物如细胞抑制剂废物)应在医疗机构根据废物类别分别收集与记录，且必须在其产生时就立即收集在防撕裂、防潮和密封的容器中。特殊医疗废物应降低从收集点(如医院)运输到中央收集点的收集频率，且中央收集点需在储存条件、人员管理等方面有特殊设计。感染性废物一般先经过就地灭菌或消毒预处理，再使用危险品法允许的特殊容器装运并外送至废物焚烧厂或特殊废物焚烧厂，然后在密封的状态下进行燃烧处置。出于伦理考虑，存在感染风险的人体部分(肢体、切除的器官和胎儿)和胎盘不得在普通垃圾焚烧厂中进行焚烧处理，而应在具备相应接收资格的火葬场中进行处置。

针对埃博拉疫情，德国学者提出了根据多边协议 M 315 制定的关于感染性废物包装和运输的特别建议。收集容器的主容器为用于收集感染性医疗废物的铝制桶。桶填满废物后，用扎带将塑料袋紧紧合上，其中尖锐物品应合理包装以免刺破内部塑料袋，容器底部应铺有足够的吸收材料来吸收溢出的液体。包装好后桶体表面应进行消毒处理，再使用吸收性材料将其包装在液密塑料袋中，最后用足够的缓冲材料将次级包装包装在外包装(图 4-2)中。

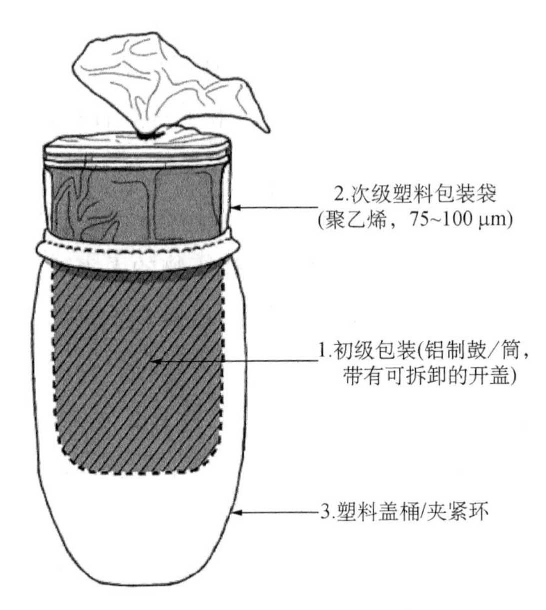

图 4-2 埃博拉病毒污染废物的包装方式

4.2.3 意大利

意大利在医院废物管理方面的法规主要是 2003 年 7 月 15 日颁布的意大利共和国总统令(第 254 号)，其中详细规定了医疗废物管理条例，详见表 4-8。此外，1997 年 2 月 5 日立法机构颁布实施了关于危险废物的法令 91/689/EEC 和关于包装及包装废物的法令 94/62/EC。与其他欧洲国家一样，意大利要求从源头上减少有害物质的使用和加强医疗机构人员的培训。医疗机构产生的垃圾源头上分出一般生活垃圾，从而减少医疗废物处理量。包装上一般是特殊的一次性包装，对于尖锐物要求使用硬质材料包装，外包装要求耐冲击，具有不同的颜色来区分不同类别的废物。贮存方面，一般根据贮存量来确定贮存时间。对于灭菌的一般医疗垃圾，其贮存、收运可以遵照非危险废物的相关制度，而感染性废物的贮存和收运则需要按危废相关制度执行。无论是一般医疗废物还是感染性废物的最终处置均要求采用焚烧的方式。

表 4-8　意大利医疗废物及疫情期间固体废物相关管理办法

项目	医疗废物	有关感染性废物的特别要求	重大传染病疫情期间采取的特殊措施(COVID-19)
源头减量	1. 为医疗机构人员组织有关正确管理医疗废物的培训课程 2. 优先使用危险物质含量较低的产品和试剂 3. 优先使用不含氯的塑料	分类收集	手套和口罩等防疫物资无论是否被污染，均应避免回收操作，而是应作为未分类垃圾焚烧处置
源头分类	卫生机构场所分类收集的生活垃圾，其性质与城市生活垃圾相似	优化试剂、药物的供应和使用，以减少非感染性危险医疗废物和非危险医疗废物的产生	新冠病毒感染病人或疑似病例居家隔离产生的垃圾不分类，全部投放到“干垃圾(其他垃圾)”收集桶
包装	特殊的一次性包装(软包装，带标识	● 特殊的一次性包装(软包装，带标识) ● 特殊的硬质一次性包装(尖锐刺激性废物) ● 外包装耐冲击，具分类颜色	新冠病毒感染病人或疑似病例居家隔离产生的垃圾应用至少 2 层塑料袋包装并密封
贮存		● 最长 5 天 ● 200 L 以下最长 30 天(5 天内登记)	
运输	灭菌医疗废物的临时存储，收集和运输，存储，初步存储按非危险废物规定执行	● 适用危废收集和运输制度 ● 运往焚烧厂路上时间尽可能短，不超过 5 天 ● 必要时使用制冷系统	
就地处理	消毒后焚烧	医疗废物焚烧厂	
外运处置	消毒后在生活垃圾焚烧厂或非危险废物填埋场处理	医疗垃圾焚烧厂或危险废物焚烧厂处理	机械生物处理(MBT)应避免人工分选；填埋处置应避免垃圾预处理
居民或社会性医疗保健废物的要求	放置到药店专门设置的医疗垃圾收集箱		

资料来源：① http://gestione-rifiuti.it/smaltimento-rifiuti-sanitari.
② https://www.ilsole24ore.com/art/covid-19-e-rifiuti-linee-guida-autorita-sanitarie-e-ambientali-ADMYfRM.

意大利是欧洲新冠疫情爆发初期的“震中”，其国家环境保护部门(Sistema nazionale protezione ambiente，Snpa)联合意大利最高法院(ISS)于2020年3月3日针对新冠疫情这一突发公共卫生事件制定了废物管理导则。该导则分别于2020年3月14日和3月31日进行修订和更新，特别指出，将强制居家隔离的新冠测试呈阳性人员产生的生活垃圾单独收集。考虑到这类废物明显存在感染风险，应进行灭菌处理，并标注为“灭菌医疗废物”。如果无灭菌条件，建议使用一次性手套将该类有感染风险的生活垃圾包装在两个或两个以上牢固的袋子中，一个套在另一个外面，然后扔进“干垃圾”(未分类)垃圾箱中。尽管疫情期间，仍然允许回收垃圾中的可回收物，但是从预防的角度，未使用的手套和口罩仍然应该投弃在“干垃圾”中按未分类垃圾处理处置。根据ISS的建议，使用过的个人防护用品应采用两层以上包装，并按未分类垃圾处理。这类有感染风险垃圾的最终处置，ISS建议不需要任何过多的操作，直接全部送进垃圾焚烧厂焚烧处置。在不具备焚烧条件时，将垃圾送进消毒处理厂或机械生物处理厂(MBT)，但应避免人工分选操作；或送进填埋场，但应避免填埋前的预处理操作。

在与COVID-19突发公共卫生事件相关的复杂形势下，意大利不可避免地也面临废物管理的问题。由于缺少足够的垃圾处理设施，而且也难以运到国外处置，疫情期间意大利的垃圾管理面临严峻的挑战。因此，意大利环境部于2020年3月30日发出222276号通告①，向各地方政府提供了应对疫情期间废物管理的建议，建议启用《环境法》第191条规定的应急条例或紧急条例，具体如下：

- 增加生活垃圾处理厂的最大存储容量。
- 焚烧厂满负荷运行，以焚烧处理未分类的城市生活垃圾和市政污泥。
- 在修改授权后，城市生活垃圾可进入垃圾填埋场处理。疑似病患产生的生活垃圾，也可以进入垃圾填埋场，但必须限制在垃圾填埋场的某个区域，并用合适的材料进行日覆盖。
- 垃圾产生者临时存贮期限延长至18个月，允许的垃圾临时存贮容积增

① 资料来源：https://www.minambiente.it/sites/default/files/archivio/eci_circolare_covid_19.pdf.

加到 60 立方米。

- 垃圾收集中心的城市生活垃圾存贮期限最长可增加 6 个月，最大存储容量最多可增加 20%。

4.2.4　法国

法国公共卫生高等顾问委员会（Haut Conseil de la Santé et Publique, HCSP）根据 2004 年 8 月 9 日颁布的有关公共卫生政策的法律设立，并于 2007 年开始运行（第 2 条）。2016 年 1 月 26 日，关于卫生系统现代化的法律通过新起草的《公共卫生法》第 L.1411-4 条重新定义了 HCSP 的任务。HCSP 的任务有：①为《国家卫生战略》的制定、年度监测和多年评估做出贡献；②与卫生机构一起向公共当局提供管理健康风险，以及设计和评估预防卫生安全政策与战略所需的专业知识；③就公共卫生问题向公共当局提供前瞻性的思想和建议；④为制定全面而协调的儿童保健政策提供咨询。

法国国家职业事故与疾病预防安全研究院（INRS）成立于 1947 年，是根据 1901 年法律成立的协会，由经营者和雇员组织代表组成的联合董事会管理。作为职业健康与安全的一般组织，INRS 与其他机构合作伙伴一起预防职业风险。它为企业和一般社会保障体系覆盖的 1 800 万员工提供工具和服务。INRS 对法国感染性医疗保健废物（DASRI）的安全处置作出规定和指导，其管理特色在于对于 DASRI 进行医疗机构、分散部门、社区家庭三类源头分类管理，并在社区免费发放用于收集有穿刺风险的 DASRI 的微型收集盒，做到应收尽收；包装具有显著标志，并带有生产者信息，做到有效溯源；对部分 DASRI 进行消毒预处理后可作为生活垃圾处理，做到处置分流。具体见表 4-9。DASRI 主要包括：①任何一种存在活性微生物或其毒素而具有感染风险的废物；②尖锐锋利的材料以及准备丢弃的材料，无论它们是否与生物产品接触；③用于治疗用途的未完全使用或已过期的血液制品；④人体解剖废物（不易识别的人体碎片）。对 DASRI 包装、储存、运输、处置各环节的要求如下：

（1）废物必须在生产后立即分类并放置在符合法规要求和标准的特定包装中（适用于废物性质的耐久包装，一次性使用，永久封闭以便整体取出）；若

表 4-9　法国医疗废物及疫情期间固体废物相关管理办法

项目	医疗废物	重大传染病疫情期间采取的特殊措施（COVID-19）
源头减量		回收中心不对个人开放，仅供专业人员使用。在许多集聚区中减少了选择性分类的收集；动员废物管理人员收集家庭废物
源头分类	三类源头： （1）医疗机构产生的废物； （2）分散防治机构产生的医疗废物； （3）自我治疗的患者产生的医疗废物。 被视为有感染性风险的医疗废物（DASRI）有： （1）任何一种存在活性微生物或其毒素而具有传染风险的废物； （2）尖锐锋利的材料以及准备丢弃的材料，无论它们是否与生物产品接触； （3）用于治疗用途的未完全使用或已过期的血液制品； （4）人体解剖废物（不易识别的人体碎片）。 废物必须在产生后立即分类并放置在符合法规要求和标准的特定包装中（适用于废物性质的耐久包装，一次性使用，永久封闭以便整体取出）	没有必要将与 SARS-CoV-2 感染有关的 DASRI 与医疗机构产生的其他 DASRI 区分开
包装	1. DASRI 必须在产生后立即与其他废物分开，并放在特定的包装中。 2. 如果将 DASRI 与非危险废物混入同一容器中，则全部被视为具有感染性，并作为 DASRI 处理。 3. 包装的选择根据废物的物理特性进行，这些包装通常必须满足： （1）耐水、防水； （2）具有鲜明的黄色； （3）有一个水平标记指示填充极限； （4）带有“生物危害”符号； （5）带有产生者的名字。 4. 若需外运，包装还必须符合陆路运输危险品的法规要求，即 TMD 法令。如果包装未经 TMD 批准，则将其放入符合规范的外包装内（如散装大容器）	

（续表）

项目	医疗废物	重大传染病疫情期间采取的特殊措施（COVID-19）
贮存	1. DASRI 及其类似物必须在特殊条件下存储。除解剖碎块外，禁止冷冻储存来自医疗活动的具有感染风险等废物。也禁止将装有生物液体、接收器和碎玻璃的袋子或广口瓶压实。 2. 企业方面，如果有多个 DASRI 产生单元时，可以设置中间存储设施。需临时存放已装满的包装物，然后转移到集中存储位置，再将废物处置。为了可追溯性，建议每个 DASRI 产生单位都记录下完整的包装信息、联系方式和废物存储日期。 3. 贮存位置：为了最大程度地减少与 DASRI 的接触，最好将存放地点设置在远离人类活动区域并远离新鲜空气入口的位置。此外，这些存储位置必须易于收集车进入。 内部贮存： 被视为优先事项，必须在满足一定标准的场所内进行： （1）它们是为存储废物而保留的，如有必要，可用于 DASRI 的存储； （2）在门上以可见的方式标明了相关注意事项； （3）面积与所存储废物的数量相适应； （4）只接收预先包装好的废物； （5）未经 TMD 法令授权的包装必须放在大的散装容器中，并密封好，易于清洗； （6）必须明确区分来自医疗保健活动且具有传染风险的废物及类似物品的包装与其他类型废物的包装； （7）安全，无损坏和被盗的风险，防止动物入侵； （8）根据消防安全法规的规定，被确定为具有特定风险。 （9）通风和采光良好，可以防止恶劣天气和高温的影响。 （10）房间的地板和墙壁可水洗，定期并在必要时进行清洁。	

（续表）

项目	医疗废物	重大传染病疫情期间采取的特殊措施（COVID-19）
贮存	(11) 具有洗涤水入口和出口，并配有止回装置，以使房间清洁用水与给水和污水管网分隔。 (12) 该规定不适用于位于医疗机构护理单位内的储藏室。 外部贮存： 当企业的空间不允许设置特定场所时，可以将医疗保健活动中具有感染风险的废物包装存储在企业封闭的室外区域中。在遵守上述规定的前提下，该区域设有屋顶，并由连续的格栅和门界定，可以有效关闭。严格禁止将医疗保健活动中具有传染风险和类似危险的废物分类和存放在医疗机构范围之外的室外区域。 4. 贮存周期 感染性废物和类似医疗废物的最长储存时间取决于现场的产生情况。 ● 废物量在 100 kg/周以上，从废物产生到焚烧或通过消毒进行预处理之间的最长停留时间为 72 小时。 ● 废物量在 15 kg/月到 100 kg/周之间，最长停留时间为 7 天。 ● 废物量在 5 kg/月到 15 kg/月之间，最长停留时间为 1 个月	
运输	感染性危险废物在公共道路上运输，其包装、标签和运输均应遵守 TMD 法令的规定。该法令根据可能感染的物种（人类或动物）和微生物的危险，将 DASRI 归入 6.2 类感染性物质，并按照不同的联合国编号进行分类，理论上 6.2 类感染物质有三个联合国编号： ● UN3291：含有感染性物质可能性相对较低的废物，或含有不会对人类或动物造成永久性残疾或致命/潜在致命疾病的生物制剂的废物。如果在培养物中发现生物制剂大量扩增，则必须将其归类于 UN2900 或 UN2814。 ● UN2900：含有造成动物永久残疾或致命/潜在致命疾病的生物制剂的废物，或含有仅不会对动物造成永久性残疾或致命/威胁生命的生物制剂的培养物。	根据世卫组织 2019 年制定的指南，SARS-CoV-2 和其他冠状病毒不包括在 A 类（高风险）和联合国编号 2814 的“对人类具有感染性”指示性清单中，并且 SARS-CoV-2 不符合 WHO1 定义的 A 类分类标准。 根据 2020 年 3 月 19 日的 HCSP（公共卫生高级委员会）意见，为受感染或怀疑感染 SARS-CoV-2 的患者提供护理产生的 DASRI 按照联合国法规 3291 运输

（续表）

项目	医疗废物	重大传染病疫情期间采取的特殊措施（COVID-19）
运输	● UN2814：含有对人类造成永久性残疾或致命/潜在致命疾病的生物制剂的废物，或含有仅不会对人类造成永久性残疾或致命/威胁生命的生物制剂的培养物。 1. 致病性生物制剂的实验室废物需进行灭活处理（化学或高温灭菌），废物归类为 UN3291。 2. 废物产生者可以在其私人车辆或服务车辆中运输 UN3291 废物，前提是所运输的重量小于或等于 15 千克。对于重量超过 15 千克的 DASRI，必须用具有坚固的厢壁、不透液的地板并配备排放清洁和消毒用水装置的车辆来运输。 3. 当通过公路运输 UN3291 感染性废物，且装载的 DASRI 量大于 333 千克时，必须由产生废物的企业指定安全顾问，该企业至少需对这些废物进行包装。对于通过公路运输的 UN2900 和 UN2814 类感染性物质，无论运输数量如何，都必须聘用一名安全顾问	
就地处理	消毒预处理 1. 液体废物 ● 潜在感染性液体流出物的处理方法取决于其活性。来自研究实验室的废水会同时带来多种风险：生物、化学甚至放射性。 ● 具有感染性和放射性风险的流出物由国家放射性废物管理局负责（如果放射性元素的衰变周期超过 100 天）或将其存储以允许放射性衰变（如果放射性元素的衰变周期少于 100 天）。 ● 对液体废物进行化学消毒，然后作为具有化学风险的液体废物进行处置。消毒必须采用可靠且经过科学验证的方法进行，该方法要针对废水中可能存在的病原体，并考虑到消毒最大有效性所必需的消毒时间。 ● 其他技术包括使流出物胶凝后作为固体感染性废物处置。	

（续表）

项目	医疗废物	重大传染病疫情期间采取的特殊措施（COVID-19）
就地处理	2. 固体废物 ● 感染性医疗保健废物必须作为 DASRI 焚烧，或进行消毒预处理，然后由市政当局和市政团体将其收集并作为生活垃圾处理。 ● 可以在 DASRI 产生机构或外部服务提供商内部进行预处理。此操作包括相关的消毒（化学或热消毒）。 ● 仅可使用符合关于减少 DASRI 微生物和机械风险标准 NF X 30-503 要求的设备，并且该设备必须经过消毒预处理。 ● 医疗保健活动产生的具有感染风险和类似危险的废物的高压灭菌处理在任何情况下都不能代替预处理或焚烧。 ● 预处理设备产生的废物被视为生活垃圾，并存储在 2 类中心或生活垃圾焚烧厂中进行焚烧，但这类废物不能进行堆肥。 ● DASRI 中的某些废物将被排除在消毒范围之外，并且必须焚烧处置。这些废物可能包含非常规可传播介质（ATNC），并且废物可能会损坏预处理设备（大金属零件，如手术刀）	
外运处置	焚烧 在不进行预处理的情况下，医疗废物必须作为 DASRI 进行焚烧处理： ● 在生活垃圾焚烧厂中，是否接受 DASRI 的要求取决于处理设施的相关县级规定，而将医疗保健活动废物与感染性风险废物共焚烧是法国全国范围内最普遍的焚烧方式； ● 在专门的处理设施中，该设施可以是特定的 DASRI 焚烧厂或工业废物处理厂。 1. DASRI 焚烧过程中的气体温度必须达到 850℃，未燃尽率不得超过 3%。 2. 在焚烧厂收到装有 DASRI 的容器后，需进行目视检查。任何异常都会决定是否拒收废物，甚至拒绝相关批次。	根据 2020 年 3 月 19 日的 HCSP 意见，可以通过焚化和消毒预处理设备对 COVID-19 流行期间产生的 DASRI 进行处理

（续表）

项目	医疗废物	重大传染病疫情期间采取的特殊措施（COVID-19）
外运处置	3. DASRI 的处理和运输是在坚固、密封的容器中进行的，以便在将这些容器送入焚烧炉前保持其完整性，并避免人员接触。 4. 在生活垃圾焚烧厂中，感染性废物不应进入非危险性废物储坑，且必须在 48 小时内焚烧处理。容器通过定期清洗和消毒的自动系统直接进炉，无需人工操作（使用料斗——用于重力加载的气闸或推动器）。DASRI 仅可在处理设施的正常运行期间进入焚烧炉，需特别避免炉子的启动或关闭阶段。 5. 将内装物卸料进炉内后，对容器进行内部和外部现场清洗和消毒。该操作必须限制生物制剂的暴露风险。不建议使用高压喷射器清洁这些容器，因为高压喷射器会扩散可能存在于容器表面的病原体。建议使用自动清洁系统并穿戴个人防护装备，以防止飞溅和皮肤黏液接触	
居民或社会性医疗保健废物的要求	为了防止医疗保健活动产生的废物具有穿孔感染风险（包括针头、注射器、刺血针、笔、导管等），对自诊患者或其家人、收集和处理生活垃圾的人员产生健康风险，以扩大生产者责任（即药品、医疗设备和体外诊断设备的经营者）的形式逐步建立针对该类垃圾的特定收集和处理链。该项措施由产品销售商资助和组织，旨在针对自诊患者产生的有感染性风险的尖锐护理活动废物。自 2011 年 11 月 1 日起，社区药房和医院药房已免费分发微型收集器（黄色盒子），以便收集自诊患者产生的具有穿孔风险的 DASRI。根据 2010 年 10 月 22 日的法令（《公共卫生法典》第 R 1335-8-2；R1335-8-3 条），此收集器的分配改为强制性	1. 对于用过的手帕，口罩和手套： （1）必须将这种废物扔进专用的塑料袋中，该塑料袋应坚固并带有可操作的密封系统（最大 30 L），并在 24 小时后将其放入家用垃圾箱的塑料袋中； （2）不可以放在可回收垃圾桶或者黄色垃圾桶（用于包装、纸张、塑料等）； （3）进行选择性分类：如果可能，请将其放在家里，以免收集点超负荷，减少收集频率。 2. 对于家庭垃圾： 通过采用更绿色的新习惯（堆肥，减少食物垃圾产生，使用自来水而不是瓶装水等）来减少家庭垃圾的数量；

（续表）

项目	医疗废物	重大传染病疫情期间采取的特殊措施（COVID-19）
居民或社会性医疗保健废物的要求		3. 对于园林和 DIY 废物： 必须将这些废物（园林废物、纸板、木材等）存放在家里，直到回收中心重新开放为止。 4. 请勿将废物存放在专用容器之外。 5. 在这种特殊情况下，仍应执行禁止露天焚烧园林废物的禁令，在禁闭过程中遵守这一禁令尤为重要。可以就地或通过用稻草覆盖以及家庭堆肥的方式来利用园林废物。 根据常规家庭垃圾处理方法，处理受 SARS-CoV-2 污染或可能被其污染的废物。 此外，根据 SARS-CoV-2 的热失活数据（在 60℃ 甚至 90℃时持续 30 分钟），操作中堆肥卫生规则规定的温度/时间可能适用于生物废物的堆肥
其他说明	1. DASRI 可追踪制度：根据公共卫生法（第 R. 1335-4 和 R. 1335-10 条），DASRI 在生产者和服务提供者之间的任何移动都必须起草文件，以监控从产生到处置过程中的每一环节。发票、领取凭证和摘要声明应保存三年，并提供给国家有关部门。DASRI 处置跟踪单必须由每个合作伙伴在处置过程中填写：废物生产者，收集者，确保废物收集、焚化或预处理的提供者。 2. 操作员必须遵守某些防范措施，建议戴一次性防水手套或耐洗手套，以防处理包装过程的感染；不在工作场所进食、吸烟；在处理包装后洗手	

资料来源：

① http://www.inrs.fr/metiers/environnement/collecte-tri-traitement/dasri.html.

http://www.gard.gouv.fr/Actualites/COVID19-gestion-des-dechets-en-periode-de-confinement.

② https://www.bourgogne-franche-comte.ars.sante.fr/covid19-gestion-des-dechets-dactivite-de-soins-risque-infectieux-dasri.

需外运，包装还必须符合陆路运输危险品的法规要求，即 TMD 法令。

（2）DASRI 及其类似物必须在特殊条件下存储。感染性废物和类似医疗废物的最长储存时间取决于现场的产生情况。

（3）感染性危险废物在公共道路上运输，其包装、标签和运输均应遵守 TMD 法令的规定。

（4）DASRI 最终需通过焚烧或消毒预处理进行处置。

（5）为了防止医疗保健活动产生的废物具有穿刺感染性风险（包括针头、注射器、刺血针、笔、导管等），对自诊患者或其家人、收集和处理生活垃圾的人员产生健康风险，社区药房和医院药房已免费分发微型收集器（黄色盒子），以便收集在家接受治疗的患者产生的具有穿刺风险的 DASRI。

COVID-19 疫情期间，HCSP 对疫情中产生的感染性医疗废物（DASRI）的处理给出建议。

（1）对于医疗机构，没有必要将与 SARS-CoV-2 感染有关的 DASRI 和医疗机构生产的其他 DASRI 区分开，最终均通过焚烧或消毒进行预处理；对于提供家庭护理的医疗保健专业人员，通过传统的 DASRI 处理部门来处理所产生的废物；对于私人执业的卫生专业人员，以及被感染或可能被感染、需要在家中隔离的卫生专业人员，应按照常规方法处理生活垃圾（双层包装受污染或可能受污染的垃圾，包括口罩、一次性手帕和表面清洁带）。

（2）对于用过的手帕、口罩和手套，必须将这种废物投入专用的塑料袋中，该塑料袋应坚固并带有可操作的密封系统（最大 30 L），并在 24 小时后将其放入家用垃圾箱的塑料袋中；不可以放在可回收垃圾桶或者黄色垃圾桶（用于包装、纸张、塑料等）；进行选择性分类，如果可能，请将其放在家里，以免收集点超负荷，减少收集频率；对于家庭垃圾，通过采用绿色的新习惯（堆肥，减少食物垃圾产生，使用自来水而不是瓶装水的消耗等）来减少家庭垃圾的数量；对于园林和 DIY 废物，必须将这些废物（园林废物，纸板，木材等）存放在家里，直到回收中心重新开放为止。

（3）建议采取通风措施并检验通风是否正常。对于在家的患者，建议其单独住在一个房间，并对房间通风设施作出规定；对于医院等医疗场所，措施根据房间类型而定（传统房间、超压通风还是负压通风）。同时，为家庭、卫生和医疗社会机构进行厕所维护以及污水处理的各种人员提供的保护措施作出规定。

(4) 关于器官和组织移植，HCSP 建议通过 RT-PCR 对任何活体供体的鼻咽样品进行 SARS-CoV-2 检测。当捐赠者死亡时，应遵循的程序取决于移植前的测试结果。在无法获得这些结果的情况下，只能移植重要器官(心脏，肝脏)，且必须告知受体这种情况。

(5) 根据 2020 年 3 月 19 日的 HCSP(公共卫生高级委员会)意见，在感染或疑似感染 SARS-CoV-2 患者的护理过程中所产生的 DASRI 按照联合国法规 3291 运输。

4.2.5 英国

英国卫生部于 2013 年 3 月出版了《医疗废物的管理与处置》(HTM 07-01)，详见表 4-10。根据该文件的定义，生物医疗和卫生保健废物包括产生于确诊或疑似感染病人(不论致病因子是否已知)，以及可能含有病原体的废物；产生于未确诊或无疑似感染，但存在潜在感染风险病人的废物。

设计和提供废物分类贮存容器时，应考虑以下问题：①废物应放置在废物贮存容器或其他适当的贮存容器中，尽可能靠近生产点；②医疗废物贮存容器不应放置在病人病房的洗手盆附近或其他访客可接触的地方；③当废物装满四分之三时，应更换容器/袋子；④容器应牢固密封，用塑料带将医疗废物袋封口；⑤袋子应标记其来源(例如，使用前在袋子上永久标记，使用预先标记的塑料带或预先印刷的自粘标签或胶带，清楚地显示医院和部门的名称)；⑥应以适当的频率收集。

对于废物储存和收集频率，如果每天仅有少量废物积累，则收集的间隔应在合理可行范围内尽可能缩短。对于感染性废物(不包括尖锐物)，收集期应确保废物的气味不会造成影响。在送往处理/处置场所之前，需要储存废物贮器。不应在未经许可的员工或公众可进入的走廊、病房或其他地方累积。应定期将废物从病房、处理室或部门运送到存放区，等待废物承包商收集。

表 4-10 英国医疗废物相关管理办法

项目	医疗废物
源头分类	1. 产生于确诊或疑似感染病人(不论致病因子是否已知),以及可能含有病原体的废物。 2. 产生于未确诊或无疑似感染,但存在潜在感染风险的病人
包装	1. 在设计和提供废物分类贮存容器时,应考虑以下问题: ● 废物应放置在废物贮存容器或其他适当的贮存容器中,尽可能靠近生产点。 ● 医疗废物贮存容器不应放置在病人病房的洗手盆附近或其他访客可接触的地方。 ● 当废物装满四分之三时,应更换容器/袋子。 ● 容器应牢固密封,用塑料带将医疗废物袋封口。 ● 袋子应标记其来源(例如,使用前在袋子上永久标记,使用预先标记的塑料带或预先印刷的自粘标签或胶带,清楚地显示医院和部门的名称)。 ● 应以适当的频率收集。 2. 应向工作人员提供背景资料、培训和定期沟通,以便他们充分理解为什么需要废物隔离。需要定期监测和评估隔离废物的制度和程序。 3. 医疗保健组织负责提供符合法律要求的合适且足量的废物贮器。在生产点需为袋装垃圾和尖锐物提供贮器,如脚踏启盖式垃圾桶
贮存	1. 废物储存和收集频率 ● 如果每天仅有少量废物积累,则收集之间的间隔应在合理可行范围内尽可能短。对于感染性废物,不包括尖锐物,收集期应确保废物的气味不会造成影响; ● 在送往处理/处置场所之前,需要储存废物贮存容器。不应在未经许可的员工或公众可进入的走廊、病房或其他地方放置; ● 应定期将废物从病房、处理室或部门运送到存放区,等待废物承办商收集。 2. 产生点储存 产生点(即患者病房)的储存区域应是安全的,并远离公共区域。储存区域应足够大,以便将包装废物分开,避免将不同类别的废物一起储存在同一区域。同一储存点中的不同废物流应明确分开,以避免某个废物类别的泄漏污染另一个废物类别的内容物或包装。 3. 批量储存 散装储存区可能位于医疗场所内,或位于有资质或许可的转移或处理/处置设施内。无论位于何处,散装存储区域都应满足:

（续表）

项目	医疗废物
贮存	● 仅用于医疗废物保存； ● 光线充足，通风良好； ● 靠近现场焚烧设施或其他处置设施； ● 远离食物准备区和储存区，远离公众使用的路线； ● 完全封闭和安全； ● 为尖锐物、解剖和报废药物等需要更高的安全性的废物提供单独的储存贮器，以防止未经授权的接触； ● 位于排水良好，防渗透的硬质地面； ● 容易进入，但只允许授权的人进入； ● 不使用时上锁； ● 防止动物进入，无昆虫或啮齿动物； ● 提供冲洗设施； ● 为员工提供清洗设施； ● 标有明显的警告标志； ● 为需要不同处理/处置方式的废物提供单独且标签明确的区域； ● 提供急救设施； ● 正确排放至下水道（有排放许可时）
运输	1. 废物审计 审计应（至少）管理下列废物的分类、包装和标签的有效性。 ● 解剖废物、其他动物或人体组织以及血液制品（包括化学防腐剂）； ● 药物和受药物污染的废物（包括细胞毒性和细胞静态药物，以及药用和非药用静脉注射袋）； ● 化学品和化学污染废物（例如自动分析仪盒和诊断试剂盒）； ● 需采取额外控制措施的微生物培养物和相关实验室废物； ● 尖锐物（药用污染、非药物污染、细胞毒素和细胞抑制剂污染； ● 医疗废物； ● 患者住宿和治疗区的医疗有害废物；

（续表）

项目	医疗废物
运输	● 公共厕所和病人厕所以及婴儿换尿片区的生活源有害垃圾； ● 生活垃圾（确保不存在危险废物）。 2. 培训 培训程序和信息需要： ● 用需要遵循者能够理解的方式编写； ● 使用有助于消除语言障碍的图片或照片； ● 考虑不同层次的培训、知识和经验； ● 保持最新； ● 向所有工作人员，包括非全时、轮班、临时、代理和合同工作人员提供； ● 所有区域均可获得。 3. 收运文件 4. 运输单据 需包括： ● 所携带货物的联合国编号，前面有字母“UN”； ● 适当的运输名称，在适用时用技术名称进行补充； ● 类别编号； ● 包装组号； ● 包装的数量和说明； ● 每项的总数量； ● 托运人的名称和地址； ● 收货人的名称和地址； ● 所运载物质的隧道限制规则。 5. 转移单据 当废物从一方转移到另一方时，移交废物的人（“转让人”）必须填写转让单。转让人和接收人（“受让人”）在票据上签字。 6. 托运单 英国环境监管机构下发。

（续表）

项目	医疗废物
运输	7. 事故处理 废物链中所有环节的经营者都需要书面程序来处理事故，包括泄漏。 8. 运输中的废物包装和标记 ● 在运输中，必须用硬质外包装，除非是批量运输。社区中量小的废物，在运输车辆中应确保使用刚性、安全且防漏的容器，其中可放置袋子。 ● 包装应包括三部分：初级贮存容器、二次包装和外包装。（初级贮存容器应装在二级包装中，在正常运输条件下，不能破碎、刺穿或将其内含物泄漏到二级包装中。二次包装应用合适的缓冲材料固定在外包装中。内容物的任何泄漏不得损害缓冲材料或外包装的完整性。） ● 在外包装的外表面上应有图文并茂的标记，背景颜色不同，清晰可见且易读。 ● 如果任何物质泄漏并溅到车辆或容器中，则在彻底清洁前（必要时可消毒或净化）不得重复使用。在同一车辆或容器内携带的任何其他废物，应检查其是否受到污染。 ● 包装外部不得粘附危险品残留物。如果任何危险物质粘附在贮器内部，则容器即使名义上是空的，也必须继续作为危险品处理
外运处置	所有处理和处置设施，无论使用的技术规模或类型如何，都必须“安全”处理废物。 呈现安全的 4 个标准： ● 证明有能力将废物中的感染性生物体数量减少到无需额外预防措施即可保护工人或公众免受废物的感染； ● 销毁解剖废物，使其不可识别； ● 使所有医疗废物（包括任何设备和尖锐物）无法使用，无法识别为临床废物； ● 破坏化学废物，药用废物和药用污染废物的化学成分。 1. 高温工艺 ● 焚烧：医疗废物焚烧炉必须符合废物焚烧指令规定的温度和排放限制。通常，它们具有 800℃～1 000℃的主燃室和最低温度为 1 100℃的二燃室且燃烧气的保留时间为 2 秒。 ● 热解：无氧高温（545℃～1 000℃）。热解系统产生的合成气体与空气混合，在二燃室中燃烧。对于一般废物，热解产生的合成气体可以在发动机中进行清洁和燃烧，但在安全至上的情况下，医疗废物应避免这种情况。与焚烧一样，二燃室的温度必须达到 1 100℃，并将废气保留 2 秒。通过初始温度加热废物，消灭病原体并减少医疗废物的体积。 ● 等离子技术：6 000℃的等离子体将进料的医疗废物加热到 1 300℃～1 700℃，消灭所有致病微生物，将废物转化为玻璃体或矿渣、黑色金属（如果存在）和合成气体。

（续表）

项目	医疗废物
外运处置	● 气化。气化过程与热解工艺类似，但将少量空气引入主燃室。添加的空气不支持完全燃烧，但足以从主室的废物中释放更多的能量，因此将主燃室的温度升高到更高的水平(900℃～1 100℃)。 2. 非燃烧/低温替代技术 ● 热消毒系统：在指定时间内将废物加热到固定温度，以灭活废物中的感染性成分。对废物温度和时间的连续监测和记录对于确保实现整个废物体所需的温度水平至关重要。包括：高压灭菌锅、干热法、微波等。 ● 化学消毒技术：常用的化学品是次氯酸钠、二氧化氯、过乙酸、谷醛和四铵化合物。废物必须首先破碎，以使废物的所有表面直接接触化学品。有些将加热与化学品相结合，以减少处理周期。关键在于：(1)消毒剂能够对所有关键病原体起作用；(2)消毒剂在废物中保持足够浓度，或给予足够时间，以达到每个关键病原体所需的处理水平；(3)处理后产生的废物(可能具有高度吸水性)不应由于残留消毒剂的存在而具有化学危害性。 ● 填埋：感染性废物禁止填埋，即使进行预处理后，也不允许填埋。某些类型的医疗废物可直接到垃圾填埋场处置(例如非感染性损伤性/卫生废物)。垃圾填埋场分为三类：危险、一般、惰性。它们都必须遵守垃圾填埋指令的严格技术和操作要求。重要的是，送往垃圾填埋场的废物必须进行预处理
居民或社会性医疗保健废物的要求	1. 废物包装和贮存容器 ● 如果废物为液体或含有流动液体(如半充满的注射器)，则只应放置在专门用于液体的包装中，如坚硬的防漏塑料桶，或含有吸收凝胶/材料的包装； ● 尖锐物，只应放置在尖锐物储存盒中； ● 所有其他废物可使用包装袋(感染性或有害废物袋)。 2. 从病人家中收集 ● 在等待从住户家中收集时，废物应存放在儿童、宠物、害虫等无法进入的适当地点。不可将废物放在人行道上等待收集； ● 废物应妥善包装并贴上标签，并应就安全预收集储存给予适当指导。应向住户提供正确的容器/包装，以确保正确处置； ● 应向收集废物的一方提供责任相关信息

资料来源：① Management and disposal of healthcare waste (HTM 07-01). https://www.gov.uk/government/publications/guidance-on-the-safe-management.

② Novel coronavirus (2019-nCoV) infection prevention and control guidance. https://www.gov.uk/government/publications/wuhan-novel-coronavirus-infection-prevention-and-control/wuhan-novel-coronavirus-wn-cov-infection-prevention-and-control-guidance.

所有处理和处置设施，都必须按以下标准安全处理废物：①证明有能力将废物中的感染性生物体数量减少到无需额外预防措施即可保护工人或公众免受废物的感染；②销毁解剖废物，使其不可识别；③使所有医疗废物(包括任何设备和尖锐物)无法使用，无法识别为临床废物；④破坏化学废物，药用废物和药用污染废物的化学成分。禁止填埋感染性废物，且送往垃圾填埋场的非感染性卫生废物必须进行预处理后严格遵守垃圾填埋指令。

此外，英国设立了废物审计和培训制度，以便更有效地管理感染性废物。将感染性废物分为几种特定类别进行审计；要求向所有工作人员，包括非全时、轮班、临时、代理和合同工作人员提供最新的培训程序和信息；运输和转移时，均需提供相应单据，且统一使用英国环境监管机构下发的托运单；建立全过程管理中的事故处理流程，需遵照执行。

医疗废物，被归类为废物代码 180103，即仅用于焚烧的传染性废物。COVID-19 被归类为 180103，B类，适合替代处理。在评估处理能力时，废物分类与国家保健服务相关。B类分类被视为风险规避，但可以确保更迅速地处理废物。有关生活垃圾的分类建议保持不变：任何被认为与出现 COVID-19 症状的人接触的废物，放置在路边之前，将废物绑在袋子里不低于 72 小时[①]。

英国政府在 2020 年 5 月 15 日更新了 COVID-19 应对指南[②]。建议疑似病患和清洗疑似病患所在区域产生的废物(包括一次性布和纸巾)，应放入塑料垃圾袋中，并在装满时扎紧；然后塑料袋应放在垃圾箱中并密封严实；最后应放在适当且安全的地方，标记后存储，直到获得疑似病患的测试结果。废物应安全储存，并远离儿童。在疑似病患检测结果为阴性或废物已储存至少 72 小时之前，不应将废物放在公共废物区。如果疑似病患测试呈阴性，则可将其归入一般废物；如果疑似病例测试呈阳性，将其储存至少 72 小时，然后归

① Novel coronavirus (2019-nCoV) infection prevention and control guidance. https://www.gov.uk/government/publications/wuhan-novel-coronavirus-infection-prevention-and-control/wuhan-novel-coronavirus-wn-cov-infection-prevention-and-control-guidance.

② 资料来源：Guidance COVID-19: cleaning in non-healthcare settings updated 15 May 2020 https://www.gov.uk/government/publications/covid-19-decontamination-in-non-healthcare-settings/covid-19-decontamination-in-non-healthcare-settings.

入一般废物。如果不方便储存至少72小时,则应安排当地废物收集机构收集,列为B类传染性废物,或者由专业医疗废物承包商收集。这些收集机构将提供橙色的临床废物袋盛放垃圾袋,以便将废物适当处理。

4.2.6 日本

根据《废弃物处理及清扫相关法律》(《廃棄物の処理及び清掃に関する法律》),在国家层面上,日本环境省颁布了《基于废弃物处理法的感染性废物处理手册》(《廃棄物処理法に基づく感染性廃棄物処理マニュアル》)和《新型流感期废弃物处理对策指南》(《廃棄物処理における新型インフルエンザ対策ガイドライン》);在行业层面上,全国工业废弃物联合会出版了《医疗废弃物处理基础知识》(《医療廃棄物処理の基礎知識》)和《感染性废弃物处理指针》(《感染性廃棄物処理指針》),日本医师会发布了《家庭医疗废弃物的处理指南》(《在宅医療廃棄物の取扱いガイド》),医疗/感染性废物管理法规的摘录条款见表4-11。

疫情特殊期间,应尽可能减少除密切相关行业外的废弃物产生,以减轻相关单位的废弃物处理处置压力;特别指出,消毒后的麻织物等推荐重复利用。在源头分类方面,医疗废物主要来自医疗相关机构和家庭产生的医疗废物。感染性废物则主要根据形状分类、产生场所及感染症的种类进行分类。废物包装方面特别强调感染性废物,根据废物性状(利器、固体和半固体)区分包装。废弃物贮存时间应尽可能短,场地有明显标识和注意事项,以及防止二次污染的发生等规定。运送医疗废弃物的车辆专车专用,确保装载物稳定;对于易腐败的医疗废物应配备冷藏设施运输,作业完后及时用不含氯消毒液对车辆进行消毒;感染性废物的收集和运输应和其他废物区分开,与感染性废物同时产生的非感染性废物按照感染性废物管理。医疗机构内处置感染性废物,可采用五种方法使废物灭活,包括焚烧、熔融、高压蒸汽灭菌、干热灭菌或加热消毒;灭活后的废弃物按照非感染性废物进行处理处置。委托处置单位进行处置时,每种处置(焚烧、熔融、高压蒸汽灭菌及微波灭菌)方法及运行条件有指标性规定,如当地感染性废物产生量超过处理能力时,可考虑将其运往域外有处置能力的焚烧单位进行处理。需要注意的是,日本对家

表 4-11 日本医疗废物及疫情期间固体废物相关管理办法

项目	医疗废物	有关感染性废物的特别要求
源头减量	疫情期间，应尽可能减少除如下人员外的废弃物产生量。医疗相关从业者（医疗行业从业者、急救人员、药品生产与销售人员等）、维持社会治安人员（消防员、警察、自卫队人员、海上保安厅人员、惩教人员、法律界相关人员等）、与生活密切相关行业人员（水电气从业人员、交通运输从业人员、金融业从业人员、必需生活物资生产与销售人员等）、宣传报道/通信相关人员、普通居民	
源头分类	医疗相关机构产生的废物，包括产业类废物（如凝固血液、酒精 X 射线固定废液、X 显影废液、X 射线胶片、塑料管、天然橡胶类器具、石膏等）； 一般废物（如废纸屑、厨房垃圾、木屑、实验动物尸体、绷带、纱布等纤维类废物）； 家庭产生相关医疗废物，即一般废物（注射针、注射器、输液管、导管、点滴袋、透析袋类等）	1. 感染性废物应与其他废物进行区分，但与感染性废物同时产生的其他废物也应按照感染性废物处理。 2. 感染性废物中不应混入易燃、易爆、放射性、含有水银等有害的废物。 3. 医疗相关单位产生的感染性废物包括：①根据形状分类（血液、血清、血浆及体液等；脏器、组织、皮肤等病理废物；病原微生物相关试验、检查所用物品；沾有血液等的尖锐物品）；②按照排出场所分类（在感染症病床、结核病床、手术室、急救室、集中治疗室和检查室等进行治疗和检查后的产生废物）；③按照感染症的种类分类（根据感染症法所列的一、二、三类感染症，新型流感，特定感染症及新感染症的治疗和检查后的产生废物）。 4. 一般家庭产生的感染性废物（沾有鼻涕、痰等纸巾等）可归为一般废物
包装	无特别要求，重点阐述感染性废物	1. 感染性废物应用适当的容器（密闭、易于储存及不易损坏）储存。 2. 根据感染性废物的性状（尖锐物、固体物、液体或半固体）特征，分为 3 种捆包方式：①尖锐废物的捆包应使用金属、塑料等坚硬材质的容器；②固体废物的捆包应双层结实的塑料袋或坚固的容器；③液体或半固体废物的捆包应不漏液的密闭容器
贮存	1. 感染性废物收运前贮存时间应尽可能缩短。 2. 感染性废物贮存场所禁止无关人员进入（如因空间有限无专门的储存空间，则感染废物应保存在无关人员无法进入的地方）。 3. 感染性废物应与其他废物区分贮存（可采取必要措施，如设置隔板）。 4. 应在贮存场所周边设置醒目的标识牌（标识牌长宽大于 60 cm），包括感染性废物存在状况及其管理的注意事项。 5. 贮存场所应设于室内，且采取严格管理措施，如温度管理、光照管理、臭气管理、定期清扫和消毒灯。	

（续表）

项目	医疗废物	有关感染性废物的特别要求
贮存	6. 应采取必要措施，如将废物贮存在密闭容器或冷藏等，防止废物发生腐败。 7. 应防止因废物飞溅、流出、地下渗透及恶臭发生，而污染地下水或公共水域，为此应设置必要的排水沟或铺垫不透水布等。 8. 应防止老鼠、蚊子和其他害虫的出现	
运输	1. 如车辆不能到达废物贮存场所，可使用手推车等，并通过与其他人不可能接触的线路，将废物装载到运输车辆上。 2. 根据医疗废物特性和包装条件使用运输车辆。 3. 为防止废物坍塌，应用皮带等将其固定。 4. 关于运输车辆的注意事项：车厢内壁和底部应用坚固的材质，感染性废物和非感染性废物用同一辆运输车运输时，应固定并分区装载，易腐败的医疗废物尽可能配备冷藏设施运输，运输车辆易于清洗，运输车辆按照程序进行出发前和定期的车辆检查，为防止车辆生锈，最好用不含氯类消毒液（双氧水等）进行车辆消毒	除一般医疗废物运输要求外，还应满足如下要求： ● 感染性废物的收集和运输应和其他废物区分开； ● 与感染性废物同源产生的非感染性废物按照感染性废物管理； ● 原则上感染性废物收集后应直接运往焚烧厂进行处置，但如收集量少，可通过转运站后再运输； ● 除转运情况外，收运过程不得暂存感染性废物； ● 装载感染性废物的车辆驾驶舱与车厢应隔开； ● 感染性废物车辆应经常进行清洗和消毒作业
就地处理	1. 如在医疗机构内处置感染性废物，可采用五种方法使废物灭活，包括焚烧、熔融、高压蒸汽灭菌、干热灭菌或加热消毒。 2. 灭活后的废弃物按照非感染性废物进行处理处置。 3. 采用焚烧或熔融设备处置感染性废物的机构，需通过所在地区政府的许可。 4. 如医疗机构不能自行处理废物，须将废物处理委托给获得合法许可的处理机构	

（续表）

项目	医疗废物	有关感染性废物的特别要求
外运处置	1. 焚烧处理（主要处理方式）： ● 800℃以上； ● 为避免再次感染的危险，直接投入 ● 前处理破碎； ● 主要监测项目：气体—HCl、NO_X、SO_X、烟尘、二噁英；烟尘/燃烧残留物-重金属、二噁英；废液-水质指标二噁英；恶臭；噪音；振动 2. 熔融处理： ● 1 200℃以上； ● 除燃烧残留物外，监测项目同焚烧。 3. 高压蒸汽灭菌处理： ● 为避免再次感染的危险，直接投入； ● 破碎前处理； ● 121℃以上 20 min； ● 用 *Bacillu stearothermophilus*（ATCC 7953）或 *Bacillu subtilis var. niger*（ATCC 9372）等指标生物确定灭菌效果，未达到减少率 99.9999%情况时，应采取措施再度处理，同时监测恶臭。 4. 微波灭菌处理： ● 直接投放，破碎前处理； ● 95℃～100℃，30 min 以上； ● 灭菌效果确认同高压蒸汽灭菌处理； ● 感染性废物采用焚烧或熔融方式处理时，应以捆包状态投放处置	

（续表）

项目	医疗废物	有关感染性废物的特别要求
居民或社会性医疗保健废物的要求	家庭医疗废物分类：①非尖锐废物，包括注射器、点滴袋、输液管和纱布等，由于感染风险低，原则作为可燃垃圾收集；应采用一小一大双塑料袋打包，排出空气，密封；标识为可燃物；为防止漏液，宜用报纸将废物包裹。②尖锐废物：医疗用注射针和点滴针由医生或护士带回医疗机构集中处理，而家庭用的胰岛素注射针并无感染风险，作为可燃垃圾处理；为防止飞溅和破损，废物应先放置容器内（如空药品瓶、牛奶盒及无标签的塑料瓶等），再装入小塑料袋，投弃到大垃圾袋中	
其他说明	为确保新型流感疫情期间废弃物处理处置正常进行，需注意的事项：针对医疗机构产生的感染性废物，医疗机构应确保废物贮存场地充足、可随时委托其他废物处理单位、确保废物贮存容器或垃圾袋等物资充足；都道府县等地方政府应向医疗机构及时提供感染性废物处理单位相关信息（单位数量、平日处理能力和最大处理能力），<u>当地感染性废物产生量超过处理能力时，可考虑将感染性废物运往域外有处置能力的焚烧单位进行处理</u>	

资料来源：

① 廃棄物処理に基づく感染性廃棄物処理マニュアル. www.env.go.jp/recycle/kansen-manual1.pdf.
② 感染性廃棄物を適正に処理するために. https://www.kankyo.metro.tokyo.lg.jp/data/publications/resource/industrial_waste/industrial_waste.files/kansenn.pdf.
③ 廃棄物処理における新型インフルエンザ. http://www.env.go.jp/recycle/misc/new-flu/index.html.
④ 在宅医療廃棄物の取り扱いガイド. http://dl.med.or.jp/dl-med/teireikaiken/20110309_12.pdf.
⑤ 医療廃棄物処理の基礎知識. https://www.zensanpairen.or.jp/wp/wp-content/themes/sanpai/assets/pdf/disposal/standards_iryokiso.pdf.
⑥ 感染性廃棄物処理指針. http://www.env.go.jp/recycle/misc/new-flu/guideline.pdf.
⑦ 新型コロナウイルス感染症に係る廃棄物の適正処理等について. https://www.env.go.jp/saigai/novel_coronavirus_2020.html.

庭医疗废物的管理有明确规定：非尖锐废物（注射器、点滴袋、输液管和纱布等），由于感染风险低，原则作为可燃垃圾收集；应采用一小一大双塑料袋打包，排出空气，密封；标识为可燃物；为防止漏液，宜用报纸将废物包裹。尖锐废物（医疗用注射针和点滴针），由医生或护士带回医疗机构集中处理，而家庭用的胰岛素注射针并无感染风险，作为可燃垃圾处理；为防止飞溅和破损，废物应先放置容器内（如空药品瓶、牛奶盒及无标签的塑料瓶等），再装入小塑料袋，投弃到大垃圾袋中。对于粪便和污泥目前未有做特别说明。总的来说，从日本中央政府、地方政府、医疗保健等机构及废物处置单位均对医疗废物（含感染性废物）的管理分别作了详细的职责说明。

针对新冠肺炎疫情期间的废物管理，日本环境省也发布了诸多通知文件：如医疗卫生机构产生的废弃物不应混入其他类别废弃物，以及针对易腐废弃物采取的相关防腐措施；来自家庭的新冠病毒感染者使用过的口罩、纸巾等废弃物的处置方法与新型流感感染者的废弃口罩的处置方法相同，即不与废弃物直接接触、密封包装（接触垃圾袋外侧情况下应双层打包）及投弃后尽快洗手；焚烧等处置设施应强化检查和节约、合理地使用防护服；针对2020年4月初东京都等7个进入紧急状态的区域，应强化废弃物管理，废弃物处理处置单位有感染者情况下的应急预案，确保防护物资充足，阶段性缩小业务内容，优先处理处置针对轻症感染者的隔离场所和居家隔离户产生的废弃物，并且允许塑料瓶等可回收物不分类，直接进行焚烧处置。

致　谢

2020年2月至4月的新冠肺炎疫情暴发期间，同济大学环境科学与工程学院固体废物处理与资源化研究所的师生们紧急查找、翻译和整理了国际上相关组织和国家在医疗废物和重大传染病疫情时的固体废物管理法规政策。在此表示感谢（按汉语笔画排序）：王玥（法国）、仇俊杰（美国）、卢学敏（德国）、兰东英（WHO）、李莎莎（英国、欧盟、UNEP）、杨占（中国）、杨怡君（图2-4和图4-2）、陈汶汶（美国）、郦超（红十字会）、段皓文（美国）、聂二旗（红十字会）、聂榕（法国）、崔广宇（日本）、彭伟（意大利、UNEP）、廖南林（WHO）。

本书编制仓促，不足之处欢迎读者写信指正，特此感谢。

联系邮箱：solidwaste@tongji.edu.cn

参 考 文 献

[1] GARRETT L. The Coming Plague: Newly Emerging Diseases in a World Out of Balance [M]. London: Penguin Books, 1995.

[2] 邵立明,吕凡,彭伟,等.重大传染病疫情期间生活源废物应急管理方法及技术探讨[J].环境卫生工程,2020,28(02):1-5.

[3] CHRISTIANSEN OV, BISBJERG P. Healthcare Risk Waste [M]// Christensen Thomas H. Solid Waste Technology & Management. New Jersey: Wiley,2011: 951.

[4] 姜超.医疗垃圾有多少具有传染性? [J].环境经济,2015(12):31.

[5] 中华人民共和国生态环境部.2019 年全国大、中城市固体废物污染环境防治年报[R/OL]. 2019. http://www.mee.gov.cn/ywgz/gtfwyhxpgl/gtfw/201912/P020191231360445518365.pdf.

[6] INTERNATIONAL COMMITTEE of the RED CROSS (ICRC). Medical Waste Management [M/OL]. 2011: 52. https://www.icrc.org/en/publication/4032-medical-waste-management.

[7] WORLD HEALTH ORGANIZATION(WHO). Safe Management of Wastes from Health-care Activities [M/OL]. 2014:91. https://apps.who.int/iris/bitstream/handle/10665/85349/9789241548564_eng.pdf;jsessionid=4741931C82F84B81227D3A69724CDAC8?sequence=1.

[8] CHUGHTAI A A, BARNES M, MACINTYRE C R. Persistence of Ebola virus in various body fluids during convalescence: evidence and implications for disease transmission and control[J]. Epidemiology and Infection,2016,144:1652-1660.

[9] YE F, XU S, RONG Z, et al. Delivery of infection from asymptomatic carriers of COVID-19 in a familial cluster[J]. International Journal of Infectious Diseases,2020,94:133-138.

[10] LAN L, XU D, YE G, et al. Positive RT-PCR test results in patients recovered from COVID-19[J]. The Journal of the American Medical Association, 2020, 323(15):1502-1503.

[11] 倪晓平,邢华,俞中,等.医疗卫生机构医疗废物排放量调查[J].中国公共卫生,2008(10):1277-1278.

[12] 陈纯兴,彭溢,韩龙,等.深圳市医疗卫生机构医疗废物产污现状调查与分析[J].广东化工,2014,41(14):165-166.

[13] 上海市物价局上海市环境保护局,海市卫生和计划生育委员会.关于完善医疗废物处置收费机制的通知.沪价费〔2018〕3 号[EB/OL].(2018-06-20). http://fgw.sh.gov.cn/cxxxgk/20180629/0025-33944.html.

[14] 中国环联.上海垃圾分类全程成本详细经济性分析[EB/OL].(2019-11-19). https://www.tobo1688.com/plugin.php?id=tom_tctoutiao&site=1&mod=info&aid=846.

[15] 北美固体废物协会(SWANA). https://swana.org/resources/corona-virus-resources.

[16] UNITED STATES ENVIRONMENTAL PROTECTION AGENCY. All-hazards Waste Management Decision Diagram.pdf[M/OL]. https://www.epa.gov/homeland-security-waste/all-hazards-waste-management-decision-diagram.